Grundzüge der Kategorientheorie

Christian Maurer

Grundzüge der Kategorientheorie

Springer Spektrum

Christian Maurer
Berlin, Deutschland

ISBN 978-3-662-70986-3 ISBN 978-3-662-70987-0 (eBook)
https://doi.org/10.1007/978-3-662-70987-0

Die Deutsche Nationalbibliothek verzeichnet diese Publikation in der Deutschen Nationalbibliografie; detaillierte bibliografische Daten sind im Internet über https://portal.dnb.de abrufbar.

Springer Spektrum ist ein Imprint der eingetragenen Gesellschaft Springer-Verlag GmbH, DE und ist ein Teil von Springer Nature.
Die Anschrift der Gesellschaft ist: Heidelberger Platz 3, 14197 Berlin, Germany

Vorwort

Kategorientheorie war einer der Schwerpunkte meiner wissenschaftlichen Tätigkeit als Mitarbeiter am Institut für Mathematik der Freien Universität Berlin.

Dieses Buch soll eine Lücke schließen: Es gibt im deutschsprachigen Raum nur sehr ausführliche Bücher mit Hunderten von Seiten über Kategorientheorie, aber keine kurzen einführenden Bücher.

Zielgruppe des Buchs sind in erster Linie Mathematikstudierende, die sich darüber informieren wollen, welche Rolle die Kategorientheorie in der Mathematik spielt, ohne gezwungen zu sein, sich eins der viel aufwendigeren und deutlich teureren Bücher besorgen zu müssen, die für diesen Zweck ungeeignet sind.

Berlin
August 2024

Christian Maurer

Inhaltsverzeichnis

Universelle Abbildungsprobleme 1

Zusammenfassung

In diesem Kapitel stellen wir eine Reihe von klassischen Konstruktionen vor, die jeweils bis auf Isomorphie die gleichen Objekte liefern. *Isomorphismen* sind dabei jeweils strukturverträgliche bijektive Abbildungen mit strukturverträglichen Inversen. Bei geordneten Mengen sind das *isotone* Abbildungen, bei Verbänden, Gruppen, Ringen, Moduln über einem Ring und Vektorräumen sind das die jeweiligen Isomorphismen; bei metrischen Räumen sind das Isometrien und bei topologischen Räumen bijektive stetige Abbildungen mit stetiger Umkehrabbildung.

1.1 Beispiele klassischer Konstruktionen

Satz 1.1 (Konstruktion geordneter Mengen aus prägeordneten) *Für jede prägeordnete Menge P (eine Menge mit einer transitiven und reflexiven Relation $\preceq$) gibt es eine geordnete Menge G_P (eine Menge mit einer transitiven, reflexiven und antisymmetrischen Relation $\leq$) und eine monotone Abbildung $s_P\colon P \to G$ derart, dass für jede geordnete Menge G und jede monotone Abbildung $f\colon P \to G$ genau eine monotone Abbildung $\overline{f}\colon G_P \to G$ mit $\overline{f} \circ s_P = f$ existiert:*

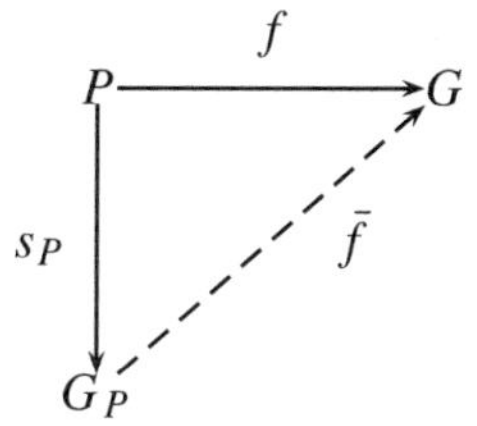

Wer den Beweis nicht kennt, sei auf den Satz 3.5 in meinem Buch [1] verwiesen.

C. Maurer, *Grundzüge der Kategorientheorie*,
https://doi.org/10.1007/978-3-662-70987-0_1

Satz 1.2 (Eindeutigkeit dieser Konstruktion) *Diese Konstruktion ist bis auf Isomorphie eindeutig, d. h., wenn G' eine geordnete Menge mit der Eigenschaft von G_A ist, sind G_A und G' isomorph.*

Beweis Wenn G' mit der Abbildung $s'\colon A \to G'$ eine andere solche geordnete Menge ist, existieren nach dem vorigen Satz monotone Abbildungen

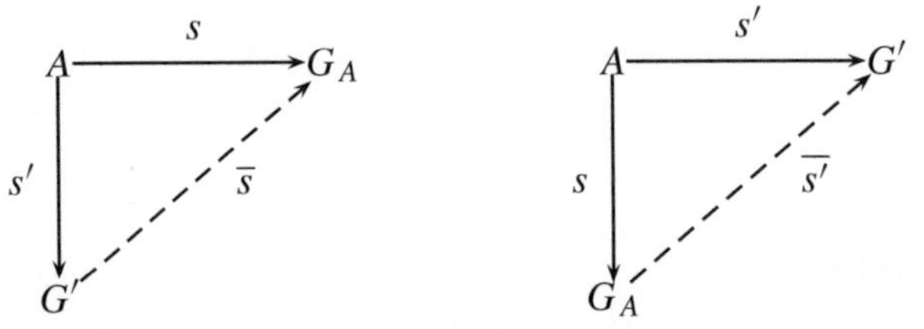

$\overline{s}\colon G' \to G_A$ mit $\overline{s} \circ s' = s$ und $\overline{s'}\colon G_A \to G'$ mit $\overline{s'} \circ s = s'$.

Daraus folgen $\overline{s'} \circ \overline{s} \circ s' = s'$ und $\overline{s} \circ \overline{s'} \circ s = s$.

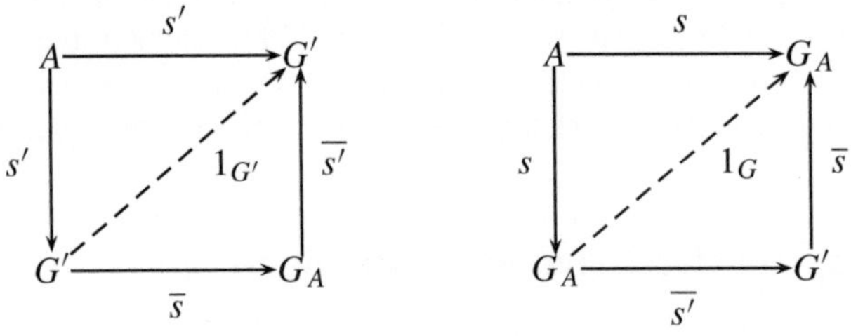

Die Aussage über die Eindeutigkeit des vorigen Satzes liefert daher $\overline{s'} \circ \overline{s} = 1_{G'}$ und $\overline{s} \circ \overline{s'} = 1_G$, d. h., $\overline{s'}\colon G_A \to G'$ ist eine isotone Abbildung mit $\overline{s^{-1}} = \overline{s}$.

Satz 1.3 (Vervollständigung von Verbänden) *Für jede geordnete Menge P gibt es einen vollständigen Verband V_P und eine injektive monotone Abbildung $i_P\colon P \to V_P$ derart, dass für jeden vollständigen Verband V und jede monotone Abbildung $f\colon P \to V$ genau ein Verbandshomomorphismus $g\colon V_P \to P$ mit $g \circ i_P = f$ existiert:*

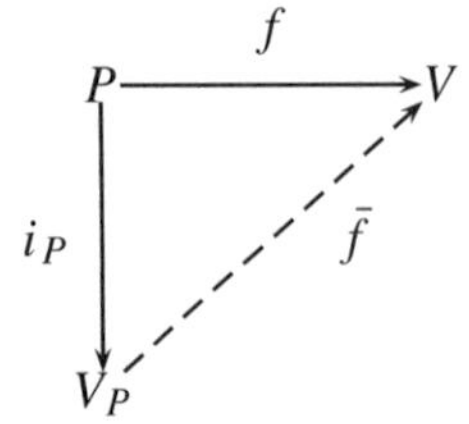

V_P ist durch diese Eigenschaften bis auf Isomorphie eindeutig bestimmt.

Beweis Siehe Satz 6.32 im Buch [1]. Der Beweis der Eindeutigkeit bis auf Isomorphie ist quasi der gleiche wie der im vorigen Satz.

Satz 1.4 (Konstruktion abelscher Gruppen aus abelschen Halbgruppen) *Für jede abelsche Halbgruppe H gibt es eine abelsche Gruppe G_H und einen Homomorphismus $i_H\colon H \to G_H$ derart, dass für jede abelsche Gruppe G und jedem Homomorphismus $f\colon H \to G$ genau ein Homomorphismus $\bar{f}\colon G_H \to K$ mit $f = \bar{f} \circ i_H$ existiert:*

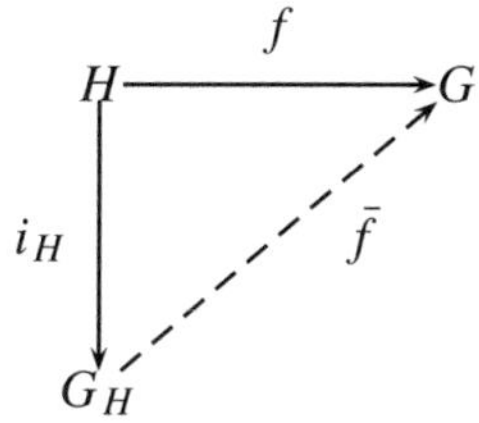

i_H ist genau dann injektiv, wenn H kürzbar ist.

Beweis Siehe Satz 7.43 im Buch [1].

Anmerkung 1.1 Die Konstruktion von $\mathbb{Z}$ aus $\mathbb{N}$ ist eine Anwendung davon.

Satz 1.5 (Konstruktion abelscher Gruppen aus Gruppen) *Für jede Gruppe G gibt es eine abelsche Gruppe A_G und einen Homomorphismus $s_G\colon G \to A_G$ derart, dass für jeden Homomorphismus $f\colon G \to A$ in eine abelsche Gruppe A genau ein Homomorphismus $\bar{f}\colon A_G \to A$ mit $\bar{f} \circ s_G = f$ existiert:*

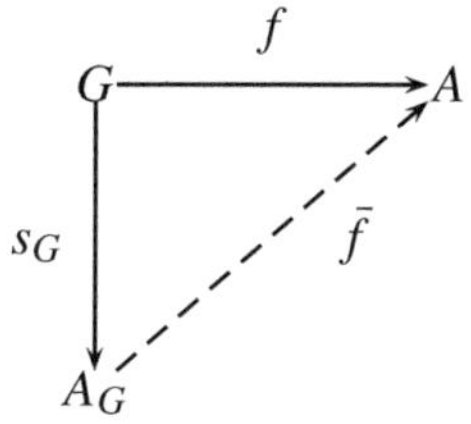

Beweis Siehe Satz 7.24 im Buch [1].

Satz 1.6 (Konstruktion von Körpern aus Integritätsbereichen) *Für jeden Integritätsbereich R gibt es einen Körper K_R und einen Homomorphismus $i_R\colon R \to K_R$ derart, dass für jeden Homomorphismus $f\colon R \to K$ in einen Körper K genau ein Homomorphismus $\bar{f}\colon R \to K$ mit $\bar{f} \circ i_R = f$ existiert:*

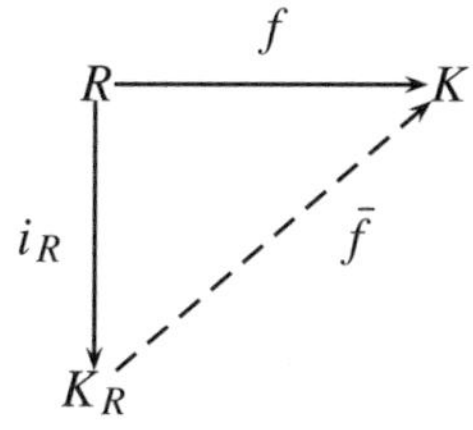

Beweis Siehe Sätze 8.36 und 8.37 im Buch [1].

Anmerkung 1.2 Die Konstruktion von $\mathbb{Q}$ aus $\mathbb{Z}$ ist eine Anwendung davon.

Satz 1.7 (Konstruktion freier A-Moduln über Mengen) *Sei A ein kommutativer Ring. Für jede Menge S gibt es einen freien A-Modul M_S und eine injektive Abbildung $i_S\colon S \to F_S$ derart, dass für jede Abbildung $f\colon S \to M$ genau ein A-Homomorphismus $\bar{f}\colon M_S \to M$ mit $\bar{f} \circ i_S = f$ existiert.*

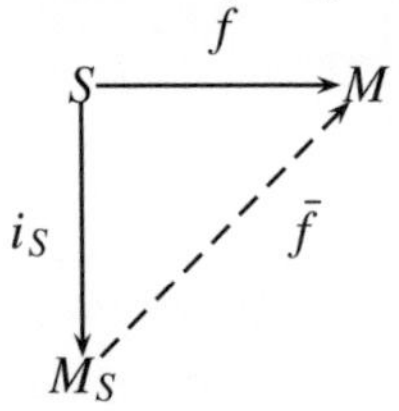

Beweis Siehe Sätze 9.45 und 9.46 im Buch [1].

Satz 1.8 (Vervollständigung metrischer Räume) *Für jeden metrischen Raum M gibt es einen vollständigen metrischen Raum V_M und eine stetige Abbildung $v_M\colon M \to V_M$ derart, dass für jeden metrischen Raum N und jede stetige Abbildung $f\colon M \to N$ genau eine stetige Abbildung $\bar{f}\colon V_M \to N$ mit $\overline{f} \circ v_M = f$ existiert.*

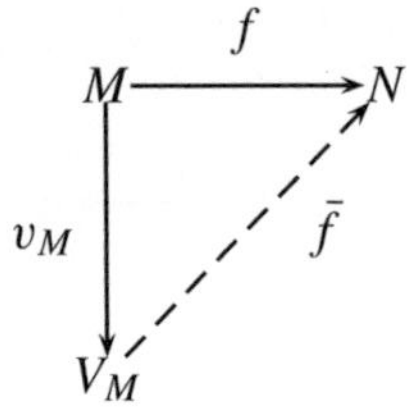

Beweis Siehe Satz 12.56 im Buch [1].

Anmerkung 1.3 Die Konstruktion von $\mathbb{R}$ aus $\mathbb{Q}$ ist eine Anwendung davon.

Satz 1.9 (Kompaktifizierung topologischer Räume) *Für jeden topologischen Raum X gibt es einen kompakten topologischen Raum K_X und eine stetige Abbildung $k_X\colon X \to K_X$ derart, dass für jeden kompakten topologischen Raum Y und jede stetige Abbildung $f\colon X \to Y$ genau eine stetige Abbildung $\bar{f}\colon K_X \to Y$ mit $\overline{f} \circ k_X = f$ existiert.*

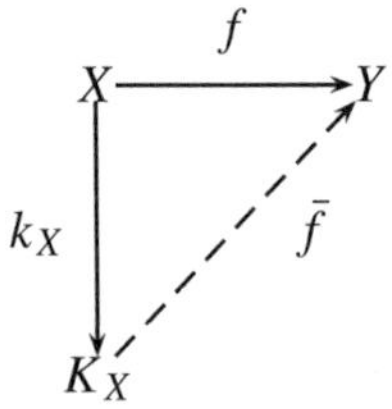

Beweis Für das abgeschlossene Intervall $I = [0, 1] \subset \mathbb{R}$ und einen topologischen Raum X seien $C(X, I)$ die Menge der stetigen Abbildungen von X nach I und $I^{C(X,I)} = \prod_{f \in C(X,i)} I_f$ das Produkt mit konstanten Faktoren $I_f = I$, versehen mit der Produkttopologie, und Projektionen $\pi_f\colon I^{C(X,I)} \to I$ für alle $f \in C(X, I)$.

Sei $g_X\colon X \to C(X, I)$ die durch $g(x) = ((f(x))_{f \in C(X)})$ definierte stetige Abbildung mit $\pi_f \circ k = f$ für alle $f \in C(X, I)$:

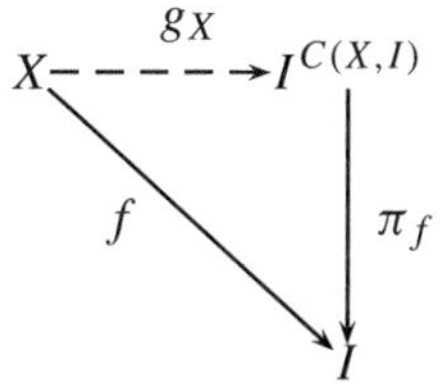

Nach dem Satz von Tychonoff ist $I^{C(X,I)}$ kompakt (quasikompakt und hausdorffsch), folglich ist die abgeschlossene Hülle $K_X = k_X[X]^- \subset I^{C(X,I)}$ kompakt.

Für die stetige Abbildung $k_X\colon X \to K$ mit $k_X(x) = g_X(x)$ gilt:

a) Wenn X vollständig regulär ist, dann ist k_X eine Einbettung, d. h., k_X ist injektiv und $k_X\colon X \to k[X]$ offen.
b) Wenn X kompakt ist, dann ist k_X ein Homöomorphismus (ein kompakter Raum ist normal und damit nach dem Satz von Uryson vollständig regulär).

Für einen kompakten topologischen Raum X und eine stetige Abbildung $f\colon X \to Y$ ist für jedes $g \in C(Y, I)$ die Komposition $g \circ f\colon X \to I$ stetig, und man hat die Projektion $\pi_{g \circ f}\colon I^{C(X,I)} \to I$; folglich gibt es genau eine stetige Abbildung $\hat{f}\colon I^{C(X,I)} \to I^{C(Y,I)}$ mit $\pi_g \circ \hat{f} = \pi_{g \circ f}$ für alle $g \in C(X, I)$. Es gilt $\hat{f}[K_X] = \hat{f}[k_X[X]^-] \subset \hat{f}[k_X[X]]^- \subset k_Y[Y]^- = K_Y$.

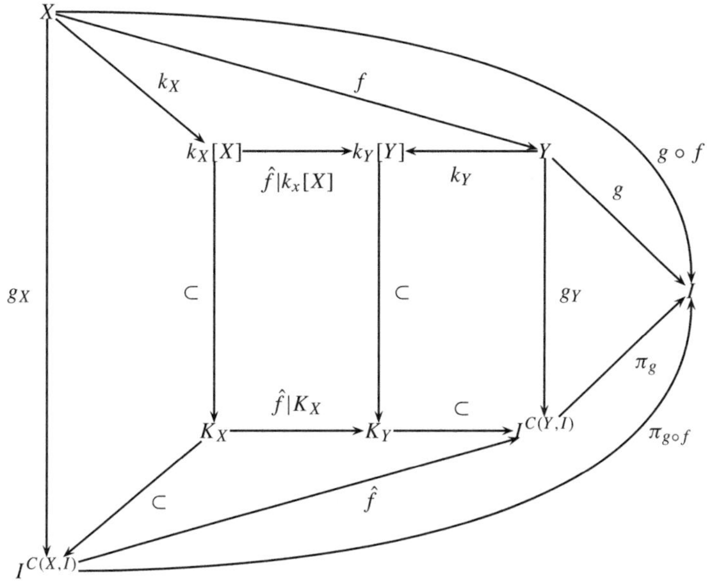

Da Y kompakt ist, folgt aus b), dass $k_Y\colon Y \to k_Y[Y]$ und die Einbettung $\subset\colon k_Y[Y] \to K_Y$ Homöomorphismen sind; folglich tut die Abbildung $\bar{f} = k_Y^{-1} \circ (f|K_X)$ das Verlangte.

Definition 1.1 (Torsionsuntergruppe) Für eine abelsche Gruppe G sei $T \subset G$ die Menge $T = \{x \in G \mid \text{es gibt ein } n \in \mathbb{N}^+ \text{ mit } nx = 0\}$ $(N^+ = \{n \in \mathbb{N} \mid n \neq 1\})$. T heißt die *Torsionsuntergruppe* von G.

Definition 1.2 (Torsionsfreiheit) Eine abelsche Gruppe G heißt *torsionsfrei,* wenn ihre *Torsionsuntergruppe* $= \{0\}$ ist, d. h., wenn für alle $x \in G$ aus $nx = 0$ folgt, dass $x = 0$ ist.

Lemma 1.1 *Für jede abelsche Gruppe G mit der Torsionsuntergruppe $T \subset G$ ist G/T torsionsfrei.*

Beweis Sei $[x] \in G/T$ ein Element mit $n[x] = [nx] = [0]$ für ein $n \in \mathbb{N}^+$. Dann gilt $nx \in T$, folglich $n[x] = [nx] = [0] \in G/T$, d. h., G/T ist torsionsfrei.

Die folgende Konstruktion ist *dual* zu allen bisherigen:

Satz 1.10 (Konstruktion von torsionsfreien abelschen Gruppen aus abelschen Gruppen) *Für jede abelsche Gruppe G gibt es eine torsionsfreie abelsche Gruppe G_G und einen surjektiven Homomorphismus $s_G\colon G \to G_G$ derart, dass für jede torsionsfreie Gruppe H und jeden Homomorphismus $f\colon H \to G$ genau ein Homomorphismus $\bar{f}\colon H \to G_G$ mit $s_G \circ \bar{f} = f$ existiert.*

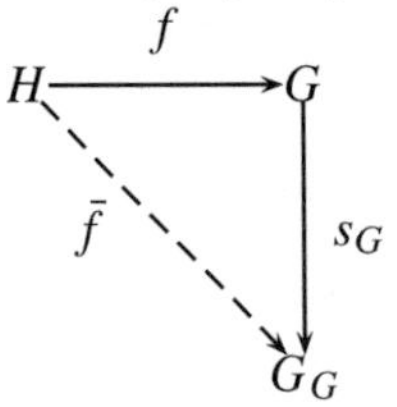

Beweis Wir setzen $G_G = G/T$ für die Torsionsuntergruppe $T \subset G$ mit $s_G\colon G \to G_G$ durch $s_G(x) = [x] \in G/T$ für $x \in G$. G_G ist nach Lemma 1.1 torsionsfrei. Die durch $\bar{f}(x) = [f(x)] = s_G(f(x)) \in G_G$ für $x \in H$ definierte Abbildung f ist ein Homomorphismus mit $s_G \circ f = \bar{f}$.

Für jeden Homomorphismus $g\colon H \to G_G$ mit $g = s_g \circ f$ gilt $g(x) = [f(x)] = \bar{f}(x)$ für alle $x \in H$, und damit $g = \bar{f}$; $\bar{f}$ ist also eindeutig bestimmt.

Satz 1.11 (Eindeutigkeit dieser Konstruktionen) *Alle diese Konstruktion sind bis auf Isomorphie eindeutig.*

Beweis Die Beweise verlaufen in allen Fällen analog zum dem des Satzes 1.2.

1.2 Gemeinsames Muster der Konstruktionen

Bei den behandelten Konstruktionen – mit Ausnahme der letzten – galt die Voraussetzung, dass jedes Ypsilon auch ein Ix und jeder Y-Morphismus auch ein X-Morphismus ist. Das ist aber nicht zwingend erforderlich: Es reicht, die Existenz eines Operators G zu postulieren, der jedem Ypsilon ein Ix und jedem Y-Morphismus einen X-Morphismus zuordnet. Dieser Operator muss lediglich zwei Bedingungen für die Y-Morphismen erfüllen:

1. $G(id_Y) = id_{G(Y)}$ für alle Ypsilons Y und
2. $G(g \circ f) = G(g) \circ G(f)$ für alle komponierbaren Y-Morphismen f und g.

Diese Konstruktionen verlaufen nach dem gleichen Muster, das wir jetzt in einer abstrakten Version formulieren.

Satz 1.12 (Konstruktion von Ypsilons aus Ixen) *Für jedes Ix X gibt es ein Ypsilon Y_X und einen X-Morphismus $\eta_X : X \to G(Y_X)$ derart, dass für jedes Ypsilon Y und jeden X-Morphismus $f : X \to Y$ genau ein Y-Morphismus $\bar{f} : G(Y_X) \to Y$ mit $G(\bar{f}) \circ \eta_X = f$ existiert:*

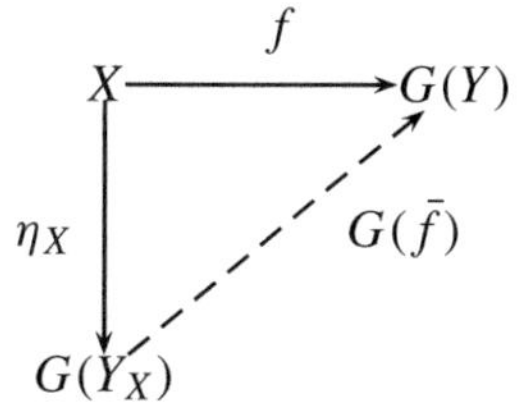

Satz 1.13 (Eindeutigkeit dieser Konstruktion) *Diese Konstruktion ist bis auf Isomorphie eindeutig, d. h., wenn Y' ein Ypsilon mit der Eigenschaft von Y_X ist, sind Y_X und Y' isomorph.*

Für die letzte Konstruktion lautet das Muster dual zu dem vorigen:

Satz 1.14 (Konstruktion von Ypsilons aus Ixen) *Für jedes Ypsilon Y gibt es ein Ix X_Y und einen Y-Morphismus $\varepsilon_Y : G(X_Y) \to Y$ derart, dass für jedes Ix X und jeden Y-Morphismus $f : G(X) \to Y$ genau ein Y-Morphismus $\bar{f} : X \to X_Y$ mit $\varepsilon_Y \circ G(\bar{f}) = f$ existiert:*

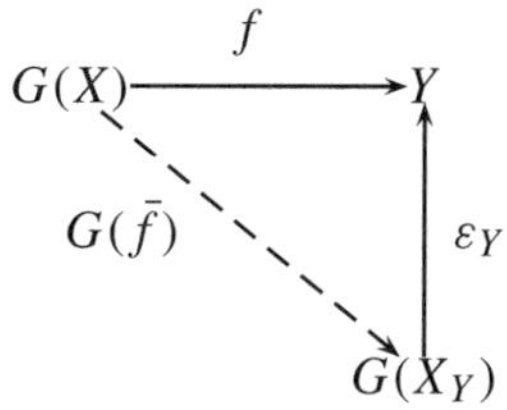

Nach der Entwicklung der dazu notwendigen Grundbegriffe im nächsten Kapitel greifen wir diese Muster im dritten Kapitel wieder auf.

Literatur

1. Maurer, C.: Ein strukturierter Aufbau der klassischen Zahlenbereiche. Springer Spektrum, Berlin (2022) https://doi.org/10.1007/978-3-662-64887-2

Kategorien und Funktoren

2

Zusammenfassung

In diesem Kapitel definieren wir die grundlegenden Begriffe dieses Buchs.

2.1 Kategorien

2.1.1 Allgemeiner Kategorienbegriff

Definition 2.1 (Kategorie) Eine *Kategorie* $\underline{\mathbf{A}}$ besteht aus

- einer Klasse von *Objekten*, und
- für je zwei Objekte A und B in $\underline{\mathbf{A}}$ einer Menge $\underline{\mathbf{A}}(A, B)$ von *Morphismen von* A *nach* B gelten die folgenden Eigenschaften:

Für je drei Objekte A, B und C in $\underline{\mathbf{A}}$ und je zwei Morphismen $f \in \underline{\mathbf{A}}(A, B)$ und $g \in \underline{\mathbf{A}}(B, C)$ ist deren *Komposition* $g \circ f \in \underline{\mathbf{A}}(A, C)$ mit folgenden Eigenschaften definiert:

- $\circ$ ist *assoziativ,* d.h., für Morphismen $f \in \underline{\mathbf{A}}(A, B)$, $g \in \underline{\mathbf{A}}(B, C)$ und $h \in \underline{\mathbf{A}}(C, D)$ gilt $h \circ (g \circ f) = (h \circ g) \circ f$, und
- zu jedem Objekt A in $\underline{\mathbf{A}}$ gibt es einen bzgl. $\circ$ (zweiseitig) *neutralen* Morphismus $id_A \in \underline{\mathbf{A}}(A, A)$, d.h., für je zwei Objekte A, B in $\underline{\mathbf{A}}$ und jeden Morphismus $f \in \underline{\mathbf{A}}(A, B)$ gilt $id_B \circ f = f = f \circ id_A = f$.
  id_A heißt der *identische* Morphismus auf A. (Es ist leicht zu sehen, dass die identischen Morphismen eindeutig bestimmt sind.)

Die üblichen Schreibweisen sind

- $f : A \to B$ oder $A \xrightarrow{f} B$ für $f \in \underline{\mathbf{A}}(A, B)$ und

C. Maurer, *Grundzüge der Kategorientheorie*,
https://doi.org/10.1007/978-3-662-70987-0_2

- $g \circ f: A \to B \to C$ oder $A \xrightarrow{f} B \xrightarrow{g} C$ für Kompositionen von zwei Morphismen $f \in \underline{\mathbf{A}}(A, B)$ und $g \in \underline{\mathbf{A}}(B, C)$.

Definition 2.2 Wir bezeichnen die Klasse der Objekte einer Kategorie $\underline{\mathbf{A}}$ mit $Ob(\underline{\mathbf{A}})$.

Satz 2.1 (Beispiele für Kategorien) *Die folgenden Klassen von Objekten, bei denen es sich um Mengen mit einer bestimmten Struktur handelt, bilden Kategorien, deren Morphismen die jeweiligen strukturverträglichen Abbildungen sind.*

a) $\underline{\mathbf{M}}$: *Mengen und Abbildungen,*
b) $\underline{\mathbf{1}} \subset \underline{\mathbf{M}}$, *die Kategorie mit einzigen Objekt* $\mathbf{0}$ *und der Identität auf ihm,*
c) $\underline{\mathbf{2}} \subset \underline{\mathbf{M}}$, *die Kategorie mit den Objekten* $\mathbf{0} = \emptyset$ *und* $\mathbf{1} = \{\mathbf{0}\}$, *den Identitäten, der Abbildung* $\mathbf{0} \xrightarrow{\subset} \mathbf{1}$ *und die Kategorie* $|\underline{\mathbf{2}}|$ *mit den gleichen Objekten und nur den Identitäten,*
d) $\underline{\mathbf{3}} \subset \underline{\mathbf{M}}$, *die Kategorie mit den Objekten* $\mathbf{0}, \mathbf{1}$ *und* $\mathbf{2} = \{\mathbf{0}, \mathbf{1}\}$, *den identischen Abbildungen und den Abbildungen* $\mathbf{0} \xrightarrow{\subset} \mathbf{1}$, $\mathbf{1} \xrightarrow{\subset} \mathbf{2}$ *und deren Komposition* $\mathbf{0} \xrightarrow{\subset} \mathbf{2}$,
e) $\underline{\mathbf{4}} \subset \underline{\mathbf{M}}$, *die Kategorie mit den Objekten* $\mathbf{0}$, $\mathbf{1}$, $\mathbf{2}$ *und* $\mathbf{3} = \{\mathbf{0}, \mathbf{1}, \mathbf{2}\}$, *den identischen Abbildungen und den Abbildungen* $\mathbf{0} \xrightarrow{\subset} \mathbf{1}$, $\mathbf{0} \xrightarrow{\subset} \mathbf{2}$, $\mathbf{1} \xrightarrow{\subset} \mathbf{2}$, $\mathbf{1} \xrightarrow{\subset} \mathbf{3}$ *und* $\mathbf{2} \xrightarrow{\subset} \mathbf{3}$,
f) $\underline{\mathbf{PO}}$: *prägeordnete Mengen und monotone Abbildungen,*
$\underline{\mathbf{O}}$: *geordnete Mengen und monotone Abbildungen,*
$\underline{\mathbf{VO}}$: *vollständig geordnete Mengen und monotone Abbildungen,*
g) $\underline{\mathbf{V}}$: *Verbände und Verbandshomomorphismen,*
$\underline{\mathbf{H}}$: *Heyting-Algebren und Verbandshomomorphismen,*
$\underline{\mathbf{B}}$: *boolesche Algebren und Verbandshomomorphismen,*
$\underline{\mathbf{VV}}$: *vollständige Verbände und Verbandshomomorphismen,*
h) $\underline{\mathbf{HG}}$: *Halbgruppen und Halbgruppenhomomorphismen,*
$\underline{\mathbf{G}}$: *Gruppen und Gruppenhomomorphismen,*
$\underline{\mathbf{AHG}}$: *abelsche Halbgruppen und Halbgruppenhomomorphismen,*
$\underline{\mathbf{AG}}$: *abelsche Gruppen und Gruppenhomomorphismen,*
i) $\underline{\mathbf{R}}$: *Ringe und Ringhomomorphismen,*
$\underline{\mathbf{IR}}$: *Integritätsbereiche und Ringhomomorphismen,*
$\underline{\mathbf{K}}$: *Körper und Homomorphismen,*
j) $\underline{\mathbf{Mod}_A}$: *A-Moduln und A-Homomorphismen für einen kommutativen Ring A,*
$\underline{\mathbf{Vekt}_K}$: *K-Vektorräume und lineare Abbildungen,*
k) $\underline{\mathbf{Top}}$: *topologische Räume und stetige Abbildungen,*
$\underline{\mathbf{MR}}$: *metrische Räume und stetige Abbildungen und*
$\underline{\mathbf{VMR}}$: *vollständige metrische Räume und stetige Abbildungen.*

Beweis Zu allen Beispielen gehören jeweils die identischen Abbildungen, und bei ihnen ist die Komposition zweier strukturverträglicher Abbildungen auch strukturverträglich:

a) Nach Definition einer *Abbildung* als *linkstotale und rechtseindeutige Relation* ist für jede Menge A die durch $\{(a, a) \mid a \in A\}$ definierte Relation eine Abbildung, die *identische Abbildung* $id_A \colon A \to A$; und für je drei Mengen A, B und C und je zwei Abbildungen $f \colon A \to B$ und $g \colon B \to C$ ist die Relation $\{(a, c) \mid a \in A,\ c \in C,$ und es gibt ein $b \in B$ mit $b = f(a)$ und $c = g(b)\} \subset A \times C$ eine Abbildung $g \circ f \colon A \to C$.

b) bis e) Die Beweise sind trivial.

f) Die identische Abbildung und die Komposition zweier monotoner Abbildungen sind monoton.

g) Die identischen Abbildungen sind Homomorphismen; und die Kompositionen von Homomorphismen sind wiederum Homomorphismen.

h), i), j) Entsprechendes gilt auch in diesen Fällen.

k) Die identischen Abbildungen in topologischen und metrischen Räumen sind stetig, und die Komposition stetiger Abbildungen ist stetig.

Definition 2.3 (Konkrete Kategorien) Eine *konkrete Kategorie* $\underline{\boldsymbol{A}}$ ist eine Kategorie mit einem mengenwertigen Funktor $U \colon \underline{\boldsymbol{A}} \to \underline{\boldsymbol{M}}$. Für ein Objekt A in $\underline{\boldsymbol{A}}$ wird die Menge $U(A)$ als „zugrunde liegende Menge“ von A bezeichnet.

Beispiele 2.1 Alle im Satz 2.1 genannten Kategorien sind konkrete Kategorien.

Es gibt eine Menge Literatur über Kategorientheorie, z. B. [1,3–10].

2.1.2 Spezielle Kategorien

Es gibt aber auch noch andere Typen von Kategorien:

Definition 2.4 (Ordnungskategorien) Eine Kategorie heißt *Ordnungskategorie,* wenn es zwischen je zwei Objekten *höchstens einen* Morphismus gibt.

Beispiel 2.1 Jede geordnete Menge $(A, \leq)$ liefert eine Ordnungskategorie $\underline{\boldsymbol{A}}$:

Die Objekte von $\underline{\boldsymbol{A}}$ sind die Elemente von A.

Für a, $b \in \underline{\boldsymbol{A}}$ gibt es *genau einen* Morphismus $a \to b$, wenn $a \leq b \in A$ gilt; andernfalls ist $\underline{\boldsymbol{A}}(a, b) = \emptyset$.

Die *Reflexivität* der Ordnung liefert die identischen Morphismen, die *Transitivität* liefert die Komposition von Morphismen und die *Antisymmetrie* die inversen Morphismen.

Definition 2.5 (Diskrete Kategorien) Eine Kategorie heißt *diskret,* wenn es nur die *identischen* Morphismen gibt.

Beispiel 2.2 Die Ordnungskategorie von $(A, \leq)$ ist genau dann diskret, wenn $\leq$ die Gleichheit ist, d. h. , wenn $(A, \leq)$ eine diskrete Ordnung ist.

Definition 2.6 (Kleine Kategorien) Eine Kategorie $\underline{A}$ heißt *klein,* wenn die Klasse $Ob(\underline{A})$ ihrer Objekte eine *Menge* ist.

Definition 2.7 (Komma-Kategorien) Seien $\underline{K}$ eine Kategorie und A ein Objekt in $\underline{K}$. Dann betrachten wir die folgende Kategorie:

Ihre Objekte sind Morphismen $f\colon B \to A$ für B in $\underline{K}$, und ihre Morphismen von $f\colon B \to A$ nach $g\colon C \to A$ sind Morphismen $h\colon B \to C$ mit $g \circ h = f$.

Diese Kategorie wird *Komma-Kategorie* genannt und mit $\underline{K}/A$ bezeichnet.

2.1.3 Unterkategorien

Definition 2.8 (Unterkategorie) Eine Kategorie $\underline{B}$ heißt *Unterkategorie* von $\underline{A}$ (Schreibweise: $\underline{B} \subset \underline{A}$), wenn für alle Objekte A, B und C in $\underline{B}$ Folgendes gilt:

- Jedes Objekt von $\underline{B}$ ist auch ein Objekt von $\underline{A}$,
- für je zwei Objekte A und B in $\underline{B}$ gilt $\underline{B}(A, B) \subset \underline{A}(A, B)$,
- für je drei Objekte A, B und C in $\underline{B}$ und je zwei Morphismen $f\colon A \to B$ und $g\colon B \to C$ ist $g \circ f \in \underline{B}(A, C)$.

Beispiele 2.2 (für Unterkategorien)

- $\underline{2} \subset \underline{3} \subset \underline{4} \subset \underline{M}$,
- $\underline{O} \subset \underline{M}$, $\underline{O} \subset \underline{PO}$,
- $\underline{V} \subset \underline{O}$, $\underline{H} \subset \underline{V}$, $\underline{B} \subset \underline{H}$,
- $\underline{G} \subset \underline{HG}$, $\underline{AG} \subset \underline{AHG}$, $\underline{AG} \subset \underline{G}$,
- $\underline{IR} \subset \underline{R}$, $\underline{K} \subset \underline{R}$,
- $\underline{MR} \subset \underline{Top}$ und $\underline{VMR} \subset \underline{MR}$.

2.1.4 Duale Kategorien

Definition 2.9 Die zu einer Kategorie $\underline{A}$ gehörige *duale Kategorie* $\underline{A}^{op}$ ist definiert durch

- $Ob(\underline{A}^{op}) = Ob(\underline{A})$ und
- für je zwei A und $B \in Ob(\underline{A})$ gilt $\underline{A}^{op}(A, B) = \underline{A}(B, A)$, wobei die identischen Morphismen in $\underline{A}^{op}$ die gleichen wie in $\underline{A}$ sind und die Komposition $\circ^{op}$ von Morphismen durch die in $\underline{A}$ gegeben ist: $g \circ^{op} f = f \circ g$ für $f \in \underline{A}^{op}(A, B) = \underline{A}(B, A)$ und $g \in \underline{A}^{op}(B, C) = \underline{A}(C, B)$.

Satz 2.2 (Doppelt-duale Kategorien) *Für jede Kategorie $\underline{\mathbf{A}}$ stimmt $\underline{\mathbf{A}}^{opop}$ mit $\underline{\mathbf{A}}$ überein.*

Beweis Nach Definition gelten $Ob(\underline{\mathbf{A}}^{opop}) = Ob(\underline{\mathbf{A}}^{op}) = Ob(\underline{\mathbf{A}})$ und $\underline{\mathbf{A}}^{opop}(A, B) = \underline{\mathbf{A}}^{op}(B, A) = \underline{\mathbf{A}}(A, B)$ für alle Objekte $A, B \in \underline{\mathbf{A}}$.

2.1.5 Spezielle Morphismen

Definition 2.10 (Mono-, Epi-, Isomorphismus) Ein Morphismus $f\colon A \to B$ in einer Kategorie $\underline{\mathbf{A}}$ heißt

- *Monomorphismus,* wenn für jedes Objekt C in $\underline{\mathbf{A}}$ und je zwei Morphismen $g\colon C \to A$ und $h\colon C \to A$ mit $f \circ g = f \circ h$ folgt, dass $g = h$ ist,
- *Epimorphismus,* wenn für jedes Objekt C in $\underline{\mathbf{A}}$ und je zwei Morphismen $g\colon A \to C$ und $h\colon A \to C$ mit $g \circ f = h \circ f$ folgt, dass $g = h$ ist,
- *Isomorphismus,* wenn es einen Morphismus $g\colon B \to A$ mit $f \circ g = id_A$ und $g \circ f = id_B$ gibt (Schreibweise: $g = f^{-1}$ und $f = g^{-1}$).

Definition 2.11 (Epi-mono-Faktorisierbarkeit) Seien $\underline{\mathbf{A}}$ eine Kategorie, A und B Objekte in $\underline{\mathbf{A}}$ und $f\colon A \to B$ ein Morphismus. f heißt *epi-mono-faktorisierbar,* wenn es ein Objekt C in $\underline{\mathbf{A}}$, einen Epimorphismus $e\colon A \to C$ und einen Monomorphismus $m\colon C \to B$ mit $m \circ e = f$ gibt.

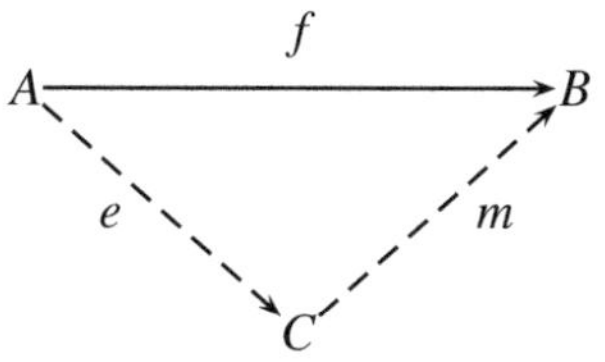

Eine *Kategorie* $\underline{\mathbf{A}}$ heißt epi-mono-faktorisierbar, wenn *jeder* Morphismus in $\underline{\mathbf{A}}$ epi-mono-faktorisierbar ist.

Beispiele 2.3 (für epi-mono-faktorisierbare Kategorien)

a) $\underline{\mathbf{M}}$: Für jede Abbildung $f\colon A \to B$ ist $x\rho y$ für x und $y \in M$ genau dann, wenn $f(x) = f(y)$ eine Äquivalenzrelation auf M definiert. Dann faktorisiert f über die Restklassenmenge M/ρ.

b) $\underline{G}$: Jeder Gruppenhomomorphismus $f\colon G \to H$ faktorisiert über $G/ker(f)$.
c) $\underline{\boldsymbol{Mod}}_A$: Jeder A-Homomorphismus $f\colon M \to N$ faktorisiert über $M/ker(f)$.

Satz 2.3 (Eigenschaften der Isomorphismen) *Jeder Isomorphismus ist sowohl ein Mono- als auch ein Epimorphismus.*

Beweis Zu jedem Isomorphismus $f\colon A \to B$ gibt es den inversen Morphismus $f^{-1}\colon B \to A$. Für Morphismen $g\colon B \to C$ und $h\colon B \to C$ mit $h \circ f = h \circ g$ und für Morphismen $g\colon D \to A$ und $h\colon D \to A$ mit $f \circ g = f \circ h$ folgt $g = h$ durch Komposition mit f^{-1}; also ist f monomorph und epimorph.

Die Umkehrung stimmt zwar in vielen Kategorien, ist aber im Allgemeinen falsch.

Beispiele 2.4 (für Kategorien, in denen die Umkehrung gilt)

- $\underline{M}$: Die Isomorphismen zwischen Mengen sind genau die bijektiven Abbildungen.
- $\underline{G}$: Die Isomorphismen zwischen Gruppen sind genau die bijektiven Gruppenhomomorphismen.
- $\underline{\boldsymbol{Mod}}_A$: Die Isomorphismen zwischen A-Moduln sind genau die bijektiven A-Homomorphismen.
- $\underline{\boldsymbol{Vekt}}_K$: Die Isomorphismen zwischen K-Vektorräumen sind genau die bijektiven K-linearen Abbildungen.

Beispiele 2.5 (für Kategorien, in denen die Umkehrung nicht gilt)

- $\underline{\boldsymbol{O}}$: Ein einfaches Gegenbeispiel ist $id_{\mathbf{2}}\colon (\mathbf{2}, =) \to (\mathbf{2}, \leq)$.
- $\underline{\boldsymbol{Top}}$: Wir betrachten die Menge $\mathbf{2}$ mit der diskreten Topologie $\mathscr{D} = \mathscr{P}2 = \{\emptyset, \mathbf{1}, \{\mathbf{1}\}, \mathbf{2}\}$ und der indiskreten Topologie $\mathscr{I} = \{\emptyset, \mathbf{2}\}$. Die Abbildung $id_{\mathbf{2}}\colon (\mathbf{2}, \mathscr{D}) \to (\mathbf{2}, \mathscr{I})$ ist bijektiv und stetig, aber ihre Umkehrabbildung $id_{\mathbf{2}}\colon (\mathbf{2}, \mathscr{I}) \to (\mathbf{2}, \mathscr{D})$ ist nicht stetig, weil z. B. $\{0\} \in \mathscr{D}$, aber $id_{\mathbf{2}}^{-1}[\{0\}] \notin \mathscr{I}$ ist.

Definition 2.12 (Balancierte Kategorien) Eine Kategorie $\underline{A}$ heißt *balanciert,* wenn jeder Morphismus, der sowohl ein Monomorphismus als auch ein Epimorphismus ist, ein Isomorphismus ist.

Beispiele 2.6 (für balancierte Kategorien)

- $\underline{M}$
- $\underline{G}$

- $\underline{AG}$
- $\underline{\mathbf{Mod}}_A$

(Siehe Beispiele 2.4.)

Lemma 2.1 *Seien* $\underline{\mathbf{A}}$ *und* $\underline{\mathbf{B}}$ *Kategorien,* $A \in Ob(\underline{\mathbf{A}})$ *und* $B \in Ob(\underline{\mathbf{B}})$ *Objekte und* $f\colon A \to B$ *ein Morphismus. Dann sind folgende Aussagen äquivalent:*

a) $\underline{\mathbf{A}}(f, -)\colon \underline{\mathbf{A}}(B, -) \to \underline{\mathbf{A}}(A, -)$ *ist eine natürliche Transformation.*
b) $\underline{\mathbf{A}}(-, f)\colon \underline{\mathbf{A}}(-, A) \to \underline{\mathbf{A}}(-, B)$ *ist eine natürliche Transformation.*

Beweis Für Morphismen $g\colon B \to C$ und $h\colon C \to D$ ist das Diagramm

$$\begin{array}{ccc} \underline{\mathbf{A}}(B, C) & \xrightarrow{\underline{\mathbf{A}}(f, C)} & \underline{\mathbf{A}}(A, C) \\ {\scriptstyle \underline{\mathbf{A}}(B, h)}\downarrow & & \downarrow{\scriptstyle \underline{\mathbf{A}}(A, h)} \\ \underline{\mathbf{A}}(B, D) & \xrightarrow[\underline{\mathbf{A}}(f, D)]{} & \underline{\mathbf{A}}(A, D) \end{array}$$

trivialerweise kommutativ: $\underline{\mathbf{A}}(A, h)(\underline{\mathbf{A}}(f, C)(g)) = h \circ g \circ f = \underline{\mathbf{A}}(f, D)$ $(\underline{\mathbf{A}}(B, h)(g))$.

Lemma 2.2 *Seien* $\underline{\mathbf{A}}$ *und* $\underline{\mathbf{B}}$ *Kategorien,* $A \in Ob(\underline{\mathbf{A}})$ *und* $B \in Ob(\underline{\mathbf{B}})$ *Objekte und* $f\colon A \to B$ *ein Morphismus. Dann sind folgende Aussagen äquivalent:*

a) f *ist ein Isomorphismus.*
b) $\underline{\mathbf{A}}(f, -)\colon \underline{\mathbf{A}}(B, -) \to \underline{\mathbf{A}}(A, -)$ *ist ein natürlicher Isomorphismus.*
c) $\underline{\mathbf{A}}(-, f)\colon \underline{\mathbf{A}}(-, A) \to \underline{\mathbf{A}}(-, B)$ *ist ein natürlicher Isomorphismus.*

Beweis Wegen des vorigen Lemmas 2.1 ist nur zu zeigen, dass die Morphismen in b) und c) bijektiv sind.

Aus a) folgt b): Wenn f ein Isomorphismus ist, ist $\underline{\mathbf{A}}(f, C)\colon \underline{\mathbf{A}}(B, C) \to \underline{\mathbf{A}}(A, C)$ für jedes $C \in Ob(\underline{\mathbf{A}})$ bijektiv:

$\underline{\mathbf{A}}(f, C)$ ist injektiv, denn aus $\underline{\mathbf{A}}(f, C)(g) = g \circ f = h \circ f = \underline{\mathbf{A}}(f, C)(h)$ folgt $g \circ f \circ f^{-1} = f = h \circ f \circ f{-}1 = g$. $\underline{\mathbf{A}}(f, C)$ ist auch surjektiv, weil $\underline{\mathbf{A}}(f, C)(h \circ f^{-1}) = h \circ f^{-1} \circ f = h$ für alle $h\colon B \to C$ gilt.

Aus b) folgt a): Wenn $\underline{\mathbf{A}}(f, A)\colon \underline{\mathbf{A}}(B, A) \to \underline{(}A, A)$ bijektiv ist, gilt $\underline{\mathbf{A}}(f, A)(g) = g \circ f = id_a$ für $g = \underline{\mathbf{A}}(f, A)^{-1}(id_A)$. Daraus folgt $(f \circ g) \circ f = f \circ (g \circ f) = f \circ id_a = f$; damit ist g der inverse Morphismus von f, d. h., f ist ein Isomorphismus.

a) ist äquivalent zu c): dual zu den beiden vorigen Beweisen.

Der folgende Satz verallgemeinert die Tatsachen, dass jede Komposition zweier

a) injektiver Abbildungen injektiv,
b) surjektiver Abbildungen surjektiv,
c) bijektiver Abbildungen bijektiv ist.

Satz 2.4 (Komposition von Mono-, Epi- und Isomorphismen) *Die Komposition zweier*

a) *Monomorphismen ist ein Monomorphismus,*
b) *Epimorphismen ist ein Epimorphismus,*
c) *Isomorphismen ist ein Isomorphismus.*

Beweis

a) $(f \circ g) \circ h = (f \circ g) \circ k$ für zwei Morphismen $h\colon D \to A$ und $k\colon D \to A$ ist äquivalent zu $f \circ (g \circ h) = f \circ (g \circ k)$, woraus $f \circ h = f \circ k$ folgt, wenn g ein Monomorphismus ist; und das liefert $h = k$, wenn f auch ein Monomorphismus ist.
b) $h \circ (g \circ f) = k \circ (g \circ f)$ für zwei Morphismen $h\colon C \to D$ und $k\colon C \to D$ ist äquivalent zu $(h \circ g) \circ f = (k \circ g) \circ f$, woraus $h \circ g = k \circ g$ folgt, wenn f ein Epimorphismus ist; und das liefert $h = k$, wenn g auch ein Epimorphismus ist.
c) Zu Isomorphismen $f\colon A \to B$ und $g\colon B \to C$ gibt es die inversen Morphismen $f^{-1}\colon B \to A$ und $g^{-1}\colon C \to B$, also ist $(g \circ f)^{-1}\colon A \to C$ mit $(g \circ f)^{-1} = f^{-1} \circ g^{-1}$ der inverse Morphismus der Komposition $f \circ g\colon A \to C$.

Satz 2.5 (Kürzungslemma für Mono- und Epimorphismen) *Wenn für Objekte A, B und C einer Kategorie und Morphismen $f\colon A \to B$ und $g\colon B \to C$ die Komposition $g \circ f\colon A \to C$ ein*

a) *Monomorphismus ist, ist auch f ein Monomorphismus,*
b) *Epimorphismus ist, ist auch g ein Epimorphismus.*

Beweis Die Beweise sind im Grunde die gleichen wie beim entsprechenden Lemma für Mengen:

a) Für Morphismen $h\colon D \to A$ und $k\colon D \to A$ mit $f \circ h = f \circ k$ gilt

$$(g \circ f) \circ h = g \circ (f \circ h) = g \circ (f \circ k) = (g \circ f) \circ k,$$

woraus $h = k$ folgt, weil $g \circ f$ ein Monomorphismus ist.

b) Für Morphismen $h\colon C \to D$ und $k\colon C \to D$ mit $h \circ g = k \circ g$ gilt

$$h \circ (g \circ f) = (h \circ g) \circ f = (k \circ g) \circ f = k \circ (g \circ f),$$

woraus $h = k$ folgt, weil $g \circ f$ ein Epimorphismus ist.

Satz 2.6 (Mono-, Epi- und Isomorphismen in dualen Kategorien)

a) *Ein Morphismus $f\colon A \to B$ in einer Kategorie $\underline{\mathbf{A}}$ ist genau dann monomorph, wenn der duale Morphismus $f^{op}\colon B^{op} \to A^{op}$ in $\underline{\mathbf{A}}^{op}$ epimorph ist.*
b) *Ein Morphismus $f\colon A \to B$ in einer Kategorie $\underline{\mathbf{A}}$ ist genau dann epimorph, wenn der duale Morphismus $f^{op}\colon B^{op} \to A^{op}$ in $\underline{\mathbf{A}}^{op}$ monomorph ist.*
c) *Ein Morphismus $f\colon A \to B$ in einer Kategorie $\underline{\mathbf{A}}$ ist genau dann isomorph, wenn der duale Morphismus $f^{op}\colon B^{op} \to A^{op}$ in $\underline{\mathbf{A}}^{op}$ isomorph ist.*

Beweis Folgt unmittelbar aus den Definitionen.

Satz 2.7 (Mono-, Epi- und Isomorphismen in der Kategorie $\underline{\boldsymbol{M}}$ der Mengen)
Eine Abbildung $f\colon A \to B$ ist genau dann ein

a) *Monomorphismus, wenn f injektiv ist,*
b) *Epimorphismus, wenn f surjektiv ist,*
c) *Isomorphismus, wenn f bijektiv ist.*

Beweis Im Folgenden seien $\mathbf{0} = \emptyset$, $\mathbf{1} = \{\mathbf{0}\}$ und $\mathbf{2} = \{\mathbf{0}, \mathbf{1}\}$.

a) Wenn f injektiv ist, folgt aus $fg(a) = fh(a)$ für alle $a \in A$, dass $g(a) = h(a)$ für alle $a \in A$ gilt, somit $g = h$.
Zum Beweis der Umkehrung wählen wir für $a, b \in A$ mit $f(a) = f(b)$ die Abbildungen g und $h\colon \mathbf{1} \to A$ mit $g(\mathbf{0}) = a$ und $h(\mathbf{0}) = b$. Wegen $fg(\mathbf{0}) = f(a) = f(b) = fh(\mathbf{0})$ gilt $fg = fh$, woraus $g = h$, d. h. $a = b$, folgt. Damit ist die Injektivität von f gezeigt.
b) Sei f surjektiv und gelte $gf = hf$, d.h. , $gf(a) = hf(a)$ für alle $a \in A$. Dann existiert für jedes $b \in B$ ein $a \in A$ mit $b = f(a)$, folglich mit $g(b) = g(f(a)) = h(f(a)) = h(b)$. Daher gilt $g = h$.
Zur Umkehrung betrachten wir die *charakteristische Abbildung* $g\colon B \to \mathbf{2}$ der Teilmenge $f[A] \subset B$, definiert durch $g(b) = \mathbf{0}$ für $b \in f[A]$ und $g(b) = \mathbf{1}$ für $b \in B \setminus f[A]$, und die konstante Abbildung $h\colon B \to \mathbf{2}$ mit $h(b) = \mathbf{0}$ für alle $b \in B$; dann gilt $gf(a) = hf(a) = \mathbf{0}$ für alle $a \in A$.
Aus der Voraussetzung folgt $g = h$, und damit $g(b) = \mathbf{0}$ für alle $b \in B$. Daher gilt $b \in f[A]$ für alle $b \in B$, d.h. , f ist surjektiv.
c) Eine Abbildung ist genau dann bijektiv, wenn sie injektiv und surjektiv ist und damit eine Umkehrabbildung hat. Nach 2.10 ist das genau dann der Fall, wenn sie ein Isomorphismus ist.

Beispiele 2.7 (für Monomorphismen) Die Monomorphismen in den Kategorien

- $\underline{\boldsymbol{O}}$ sind die *injektiven monotonen Abbildungen* (s. Satz 3.6 im Buch über die Zahlenbereiche),
- $\underline{\boldsymbol{G}}$, $\underline{\boldsymbol{Mod}}_A$ und $\underline{\boldsymbol{Vekt}}_K$ sind die *injektiven Homomorphismen* (s. Satz 7.32 im Buch über die Zahlenbereiche),
- $\underline{\boldsymbol{Top}}$ sind die *injektiven stetigen Abbildungen* (s. Satz 9.15 im Buch über die Zahlenbereiche).

Beispiele 2.8 (für Epimorphismen) Die Epimorphismen in den Kategorien

- $\underline{\boldsymbol{O}}$ sind die *surjektiven monotonen Abbildungen* (s. Satz 3.6 im Buch über die Zahlenbereiche),
- $\underline{\boldsymbol{G}}$, $\underline{\boldsymbol{Mod}}_A$ und $\underline{\boldsymbol{Vekt}}_K$ sind die *surjektiven Homomorphismen* (s. Satz 7.32 in diesem Buch),
- $\underline{\boldsymbol{Top}}$ sind die *surjektiven stetigen Abbildungen* (s. Satz 9.15 in diesem Buch).

Beispiel 2.3 (für einen nicht injektiven Monomorphismus) In der Kategorie der divisiblen abelschen Gruppen ist der natürliche Homomorphismus $\nu\colon \mathbb{Q} \to \mathbb{Q}/\mathbb{Z}$ nicht injektiv, aber ein Monomorphismus:

Seien G eine divisible abelsche Gruppe und f und g Homomorphismen $G \to \mathbb{Q}$ mit $\nu \circ f = \nu \circ g$. Dann gilt $f(x) - g(x) \in \mathbb{Z}$ für alle $x \in G$. Wäre $f \neq g$, gäbe es ein $x \in G$ mit $n = f(x) - g(x) \neq 0$.

Ohne Beweis der Annahme nehmen wir $n \geq 0$ an. Weil G divisibel ist, gäbe es ein $y \in G$ mit $x = 2n \cdot y$. Dann wäre $n = f(2n \cdot y) - g(2n \cdot y) = 2n(f(y) - g(y))$, also $f(y) - g(y) = \frac{1}{2} \notin \mathbb{Z}$, was aber $f(x) - g(x) \in \mathbb{Z}$ für alle $x \in G$ widerspricht. Also gilt $f = g$.

Beispiel 2.4 (für einen nicht surjektiven Epimorphismus) Die Einbettung $i\colon \mathbb{Z} \stackrel{\subset}{\longrightarrow} \mathbb{Q}$ in $\underline{\boldsymbol{R}}$ ist nicht surjektiv.

Aber i ist ein Epimorphismus: Seien A ein Ring und f und g Homomorphismen $\mathbb{Q} \to A$ mit $fi = gi$. Dann gilt $f(b)f(1/b) = f(1) = g(1) = g(b)g(1/b)$, also $f(1/b) = f(1/b)f(b)f(1/b) = f(1/b)g(b)g(1/b) = f(1/b)f(b)g(1/b) = g(1/b)$, und somit $f(a/b) = g(a/b)$ für alle a und $b \in \mathbb{Z}$ mit $b \neq 0$, also $f = g$.

Beispiele 2.9 (für Isomorphismen) Jeder *identische Morphismus* ist ein Isomorphismus.

Die Isomorphismen in den Kategorien

- $\underline{\boldsymbol{O}}$ sind die *isotonen Abbildungen* (s. deren Definition 3.7 im Buch über die Zahlenbereiche),
- $\underline{\boldsymbol{V}}$ sind die *bijektiven Verbandshomomorphismen* (s. Satz 6.8 in diesem Buch),

- $\underline{\boldsymbol{G}}$, $\underline{\boldsymbol{R}}$, $\underline{\boldsymbol{Mod}}_A$ und $\underline{\boldsymbol{Vekt}}_K$ sind die *bijektiven Homomorphismen* (s. Sätze 7.29, 8.16 und 9.14 in diesem Buch),
- $\underline{\boldsymbol{Top}}$ sind die *Homöomorphismen* (s. Definition 12.54 in diesem Buch).

Definition 2.13 (Bild eines Morphismus) Seien $\underline{\boldsymbol{A}}$ eine Kategorie, A und B Objekte in $\underline{\boldsymbol{A}}$ und $f: A \to B$ ein Morphismus. Das *Bild* von f (Schreibweise: $img(f)$) ist ein Objekt C in $\underline{\boldsymbol{A}}$ und ein Monomorphismus $m: C \to B$ mit folgenden Eigenschaften:

- f ist epi-mono-faktorisierbar (s. Definition 2.11), d. h., es gibt einen Morphismus $e: A \to C$ mit $m \circ e = f$, und
- für jedes Objekt C' in $\underline{\boldsymbol{A}}$, jeden Morphismus $e': A \to C'$ und jeden Morphismus $m': C' \to B$ mit $m' \circ e' = f$

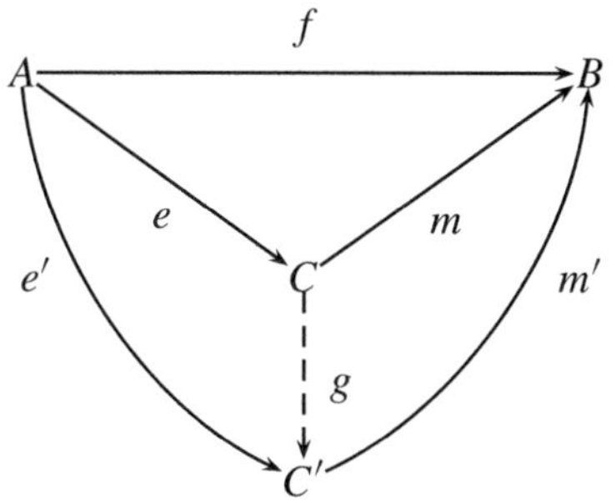

existiert genau ein Morphismus $g: C \to C'$ mit $m' \circ g = m$.

Dabei ist g wegen $m' \circ g = m$ nach Satz 2.5 ein Monomorphismus. e ist eindeutig bestimmt, weil m ein Monomorphismus ist, und aus $m' \circ e' = f = m \circ e = m' \circ g \circ e$ folgt $e' = g \circ e$, weil m' ein Monomorphismus ist.

Satz 2.8 (Eindeutigkeit von Bildern) *Seien $\underline{\boldsymbol{A}}$ eine Kategorie, A und B Objekte in $\underline{\boldsymbol{A}}$ und $f: A \to B$ ein Morphismus. Dann ist das Bild $img(f)$ bis auf Isomorphie eindeutig bestimmt.*

Beweis Folgt unmittelbar aus der Definition 2.13.

Definition 2.14 (Kobild eines Morphismus) Seien $\underline{\boldsymbol{A}}$ eine Kategorie, A und B Objekte in $\underline{\boldsymbol{A}}$ und $f: A \to B$ ein Morphismus. Das *Kobild* von f (Schreibweise: $coimg(f)$) ist ein Objekt C in $\underline{\boldsymbol{A}}$ und ein Epimorphismus $e: A \to C$ mit folgenden Eigenschaften:

- f ist epi-mono-faktorisierbar (s. Definition 2.11), d. h., es gibt einen Morphismus $m: C \to B$ mit $m \circ e = f$, und

- für jedes Objekt C' in $\underline{\mathbf{A}}$, jeden Morphismus $e'\colon A \to C'$ und jeden Morphismus $m'\colon C' \to B$ mit $m' \circ e' = f$

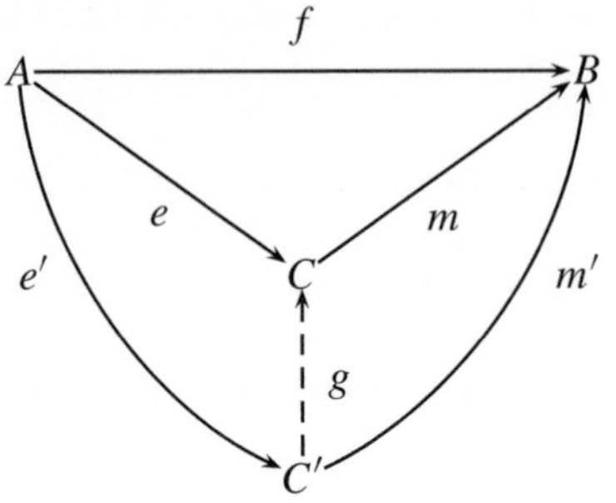

existiert genau ein Morphismus $g\colon C' \to C$ mit $g \circ e' = e$.

Dabei ist g wegen $g \circ e' = e$ nach Satz 2.5 ein Epimorphismus. m ist eindeutig bestimmt, weil e ein Epimorphismus ist, und aus $m' \circ e' = f = m \circ e = m' \circ g \circ e'$ folgt $m' = m \circ g$, weil e' ein Epimorphismus ist.

Satz 2.9 (Eindeutigkeit von Kobildern) *Seien $\underline{\mathbf{A}}$ eine Kategorie, A und B Objekte in $\underline{\mathbf{A}}$ und $f\colon A \to B$ ein Morphismus. Dann ist das Kobild $coimg(f)$ bis auf Isomorphie eindeutig bestimmt.*

Beweis Folgt unmittelbar aus der Definition 2.14.

Definition 2.15 (Lokal kleine Kategorien) Eine Kategorie $\underline{\mathbf{A}}$ heißt *lokal klein,* wenn es für jedes Objekt A in $\underline{\mathbf{A}}$ nur eine *Menge* $\{\, B_i \mid i \in I \,\}$ von paarweise nicht isomorphen Objekten in $\underline{\mathbf{A}}$ mit einem *Monomorphismus* $f_i\colon B_i \to A$ für jedes i in der Menge I gibt.

Lemma 2.3 *Seien $\underline{\mathbf{A}}$ eine Kategorie, A und B Objekte in $\underline{\mathbf{A}}$ und $f\colon A \to B$ ein Morphismus. Dann sind die beiden folgenden Bedingungen äquivalent:*

a) *Für alle Objekte C in $\underline{\mathbf{A}}$ ist $\underline{\mathbf{A}}(C, f)\colon \underline{\mathbf{A}}(C, A) \to \underline{\mathbf{A}}(C, B)$ surjektiv.*
b) *Es gibt einen Morphismus $g\colon B \to A$ mit $f \circ g = id_B$.*

Beweis Aus a) folgt b): Wenn $\underline{\mathbf{A}}(C, f)$ für alle C surjektiv ist, ist $\underline{\mathbf{A}}(A, f)\colon \to \underline{\mathbf{A}}(B, A)\underline{\mathbf{A}}(B, B)$ surjektiv. Folglich gibt es einen Morphismus $g\colon B \to A$ mit $\underline{\mathbf{A}}(A, f)(g) = f \circ g = id_B$.

Aus b) folgt a): Sei $g \in \underline{\mathbf{A}}(B, A)$ der Morphismus mit $f \circ g = id_B$. Für jeden Morphismus $h \in \underline{\mathbf{A}}(C, B)$ gibt es einen Morphismus $k\colon C \to A$ mit $\underline{\mathbf{A}}(C, f)(k) = h$, nämlich $k = g \circ h$, denn $\underline{\mathbf{A}}(C, f)(g \circ h) = f \circ (g \circ h) = (f \circ g) \circ h = id_B \circ h = h$. Damit ist $\underline{\mathbf{A}}(C, f)$ surjektiv.

Definition 2.16 (Retrakt) Seien $\underline{A}$ eine Kategorie und A und B Objekte in $\underline{A}$. Dann heißt ein Morphismus $f: A \to B$ *Retrakt,* wenn eine der beiden Bedingungen aus dem vorigen Lemma 2.3 erfüllt ist.

Satz 2.10 (Kompositionen von Retrakten) *Seien $\underline{A}$ eine Kategorie, A, B und C Objekte in $\underline{A}$ und $f: A \to B$ und $g: B \to C$ Retrakte. Dann ist auch $g \circ f: A \to C$ ein Retrakt.*

Beweis Nach Definition 2.16 gibt es Morphismen $h: B \to A$ und $k: C \to B$ mit $h \circ f = id_B$ und $k \circ g = id_C$. Daraus folgt $(h \circ k) \circ (g \circ f) = h \circ (k \circ g) \circ f = h \circ f = id_B$, woraus die Behauptung nach Bedingung b) in Lemma 2.3 folgt.

Beispiel 2.5 (für Retrakte) In der Kategorie der Mengen $\underline{M}$ sind Retrakte genau die surjektiven Abbildungen, weil es für jede surjektive Abbildung $f: A \to B$ eine injektive Abbildung $g: B \to A$ mit $f \circ g = id_B$ gibt.

Lemma 2.4 (Retrakte sind Epimorphismen) *Seien $\underline{A}$ eine Kategorie, A und B Objekte in $\underline{A}$ und $f: A \to B$ ein Retrakt. Dann ist f ein Epimorphismus.*

Beweis Folgerung aus dem Kürzungslemma 2.5.

Beispiele 2.10 (für Epimorphismen, die keine Retrakte sind)

a) Der natürliche Homomorphismus $\nu: \mathbb{Q} \to \mathbb{Q}/\mathbb{Z}$ in der Kategorie $\underline{AG}$ der abelschen Gruppen ist ein Epimorphismus, aber kein Retrakt, denn für jeden Homomorphismus $g: \mathbb{Q}/\mathbb{Z} \to \mathbb{Q}$ gilt $g([1]) = 0 \in \mathbb{Q}$ wegen $1 \in \mathbb{Z}$, und damit $g([x]) = g([x] \cdot [1]) = g([x]) \cdot g([1]) = g([x]) \cdot 0 = 0$ für alle $[x] \in \mathbb{Q}/\mathbb{Z}$. Also ist der Nullhomomorphismus der einzige Homomorphismus $g: \mathbb{Q}/\mathbb{Z} \to \mathbb{Q}$. Folglich kann es keinen Homomorphismus g mit $\nu \circ g = id_{\mathbb{Q}/\mathbb{Z}}$ geben.
b) Der natürliche Homomorphismus $\nu_2\mathbb{Z}\mathbb{Z}_2$ in $\underline{AG}$ ist ein Epimorphismus, aber kein Retrakt, weil es keinen Homomorphismus $\mathbb{Z}_2 \to \mathbb{Z}$ gibt.

Satz 2.11 (Charakterisierung von Isomorphismen durch Monomorphismus und Retrakt) *Seien $\underline{A}$ eine Kategorie, A und B Objekte in $\underline{A}$ und $f: A \to B$ ein Morphismus. f ist genau dann ein Isomorphismus, wenn f ein Monomorphismus und ein Retrakt ist.*

Beweis Sei $f: A \to B$ ein Isomorphismus. f ist ein Monomorphismus und es gibt einen Morphismus mit $f \circ g = id_B$, also ist f nach Definition 2.16 ein Retrakt.

Sei umgekehrt $f: A \to B$ ein Monomorphismus und ein Retrakt. Dann gibt es einen Morphismus $g: B \to A$ mit $f \circ g = id_B$. Es gilt $f \circ (g \circ f) = (f \circ g) \circ f = id_B \circ f = f \circ id_A$; weil f ein Monomorphismus ist, folgt daraus $g \circ f = id_A$. Damit ist f ein Isomorphismus.

Lemma 2.5 *Seien $\underline{\mathbf{A}}$ eine Kategorie, A und B Objekte in $\underline{\mathbf{A}}$und $f: A \to B$ ein Morphismus. Dann sind die beiden folgenden Bedingungen äquivalent:*

a) *Für alle Objekte C in $\underline{\mathbf{A}}$ ist $\underline{\mathbf{A}}(f, C): \underline{\mathbf{A}}(B, C) \to \underline{\mathbf{A}}(A, C)$ surjektiv.*
b) *Es gibt einen Morphismus $g: B \to A$ mit $g \circ f = id_A$.*

Beweis Dual zum Beweis des vorigen Lemmas 2.3.

Definition 2.17 (Koretrakt) Seien $\underline{\mathbf{A}}$ eine Kategorie und A und B Objekte in $\underline{\mathbf{A}}$. Dann heißt ein Morphismus $f: A \to B$ *Koretrakt,* wenn eine der beiden Bedingungen aus dem vorigen Lemma 2.5 erfüllt ist.

Satz 2.12 (Kompositionen von Koretrakten) *Seien $\underline{\mathbf{A}}$ eine Kategorie, A, B und C Objekte in $\underline{\mathbf{A}}$ und $f: A \to B$ und $g: B \to C$ Koretrakte. Dann ist auch $g \circ f: A \to C$ ein Koretrakt.*

Beweis Dual zum Beweis von 2.10.

Beispiel 2.6 (für Koretrakte) In der Kategorie der Mengen $\underline{\mathbf{M}}$ sind Koretrakte genau die injektiven Abbildungen, weil es für jede injektive Abbildung $morf AB$ eine injektive Abbildung $g: B \to A$ mit $g \circ f = id_A$ gibt.

Lemma 2.6 (Koretrakte sind Monomorphismen) *Seien $\underline{\mathbf{A}}$ eine Kategorie, A und B Objekte in $\underline{\mathbf{A}}$ und $f: A \to B$ ein Koretrakt. Dann ist f ein Monomorphismus.*

Beweis Folgerung aus dem Kürzungslemma 2.5.

Beispiel 2.7 (für einen Monomorphismus, der kein Koretrakt ist) Die Einbettung $\mathbb{Q} \xrightarrow{\subset} \mathbb{R}$ in der Kategorie $\underline{\mathbf{K}}$ der Körper ist ein Monomorphismus, aber kein Koretrakt, weil es keinen Körperhomomorphismus $\mathbb{R} \to \mathbb{Q}$ gibt.

Satz 2.13 (Charakterisierung von Isomorphismen durch Epimorphismus und Koretrakt) *Seien $\underline{\mathbf{A}}$ eine Kategorie, A und B Objekte in $\underline{\mathbf{A}}$ und $f: A \to B$ ein Morphismus. f ist genau dann ein Isomorphismus, wenn f ein Epimorphismus und ein Koretrakt ist.*

Beweis Sei $f: A \to B$ ein Isomorphismus. f ist ein Epimorphismus und es gibt einen Morphismus mit $g \circ f = id_A$. Also ist f nach Definition 2.17 ein Koretrakt.

Sei umgekehrt $f: A \to B$ ein Epimorphismus und ein Koretrakt. Dann gibt es einen Morphismus $g: B \to A$ mit $g \circ f = id_A$. Es gilt $(f \circ g) \circ f = f \circ (g \circ f) = f \circ id_B = id_A \circ f$. Weil f ein Epimorphismus ist, folgt daraus $f \circ g = id_B$. Damit ist f ein Isomorphismus.

Lemma 2.7 (Charakterisierung von Isomorphismen durch Retrakt und Koretrakt) *Seien $\underline{A}$ eine Kategorie, A und B Objekte in $\underline{A}$ und $f: A \to B$ ein Morphismus. Dann ist f genau dann ein Isomorphismus, wenn f Retrakt und Koretrakt ist.*

Beweis Wenn f ein Isomorphismus ist, gibt es den inversen Morphismus $g: B \to A$ mit $g \circ f = id_A$ und $f \circ g = id_B$. Daraus folgt nach den Definitionen 2.16 und 2.17, dass f sowohl ein Retrakt als auch ein Koretrakt ist.

Wenn f ein Retrakt ist, gibt es einen Morphismus $g: B \to A$ mit $f \circ g = id_B$; wenn f ein Koretrakt ist, gibt es einen Morphismus $h: B \to A$ mit $h \circ f = id_A$.

Dann gilt $g = id_A \circ g = (h \circ f) \circ g = h \circ (f \circ g) = h \circ id_B = h$, und damit ist $g = h$ der inverse Morphismus zu f.

Satz 2.14 *Jeder Funktor $F: \underline{A} \to \underline{B}$ bewahrt Retrakte und Koretrakte.*

Beweis Seien A und A' Objekte in $\underline{A}$ und $f: A \to A'$ ein Retrakt. Nach der Definition 2.16 gibt es dann einen Morphismus $g: B \to A$ mit $f \circ g = id_B$. Daraus folgt $F(f) \circ F(g) = F(f \circ g) = F(id_B) = id_{F(B)}$; folglich ist $F(f)$ ein Retrakt.

Analog folgt die Bewahrung von Koretrakten.

2.1.6 Spezielle Objekte

Definition 2.18 (Initiale Objekte) Ein Objekt A in einer Kategorie $\underline{A}$ heißt *initial,* wenn es zu jedem Objekt B in $\underline{A}$ *genau einen* Morphismus $!_A: A \to B$ gibt.

Initiale Objekte werden mit 0 bezeichnet.

Definition 2.19 (Terminale Objekte) Ein Objekt A in einer Kategorie $\underline{A}$ heißt *terminal,* wenn es zu jedem Objekt B in $\underline{A}$ *genau einen* Morphismus $!_A: B \to A$ gibt.

Terminale Objekte werden mit 1 bezeichnet.

Definition 2.20 (Nullobjekte) Ein Objekt in einer Kategorie $\underline{A}$, das sowohl *initial* als auch *terminal* ist, heißt *Nullobjekt.*

Beispiele 2.11 (für initiale Objekte)

- In $\underline{\boldsymbol{M}}$ ist die leere Menge $\emptyset$ ein initiales Objekt.
- In $\underline{\boldsymbol{G}}$ ist die Gruppe, die nur aus der Einheit besteht, ein initiales Objekt.
- In $\underline{\boldsymbol{R}}$ ist $\mathbb{Z}$ ein initiales Objekt (s. Lemma 8.6 im Buch über die Zahlenbereiche).
- In $\underline{\boldsymbol{Mod}}_A$ ist der Nullmodul ein initiales Objekt.
- In $\underline{\boldsymbol{Top}}$ ist der leere topologische Raum ein initiales Objekt.

Beispiele 2.12 (für terminale Objekte)

- In $\underline{\boldsymbol{M}}$ ist die einelementige Menge **1** ein terminales Objekt (s. Beispiel 2.10 im Buch über die Zahlenbereiche).
- In $\underline{\boldsymbol{G}}$ ist die Gruppe, die nur aus der Einheit besteht, ein terminales Objekt.
- In $\underline{\boldsymbol{Mod}}_A$ ist der Nullmodul ein terminales Objekt.
- In $\underline{\boldsymbol{Top}}$ ist der einelementige Raum ein terminales Objekt.

Beispiele 2.13 (für Nullobjekte)

- In $\underline{\boldsymbol{M}}$ gibt es wegen $\emptyset \neq \mathbf{1}$ *kein* Nullobjekt.
- Weil es in $\underline{\boldsymbol{R}}$ kein terminales Objekt gibt, hat $\underline{\boldsymbol{R}}$ auch *kein* Nullobjekt.
- In $\underline{\boldsymbol{G}}$ ist die Gruppe, die nur aus der Einheit besteht, ein Nullobjekt.
- In $\underline{\boldsymbol{Mod}}_A$ und $\underline{\boldsymbol{Vekt}}_K$ ist der Nullmodul **0** ein Nullobjekt.

Definition 2.21 (Nullmorphismus) Seien $\underline{\mathbf{A}}$ eine Kategorie mit einem Nullobjekt $\mathbf{0}$, A und B Objekte in $\underline{\mathbf{A}}$. Dann heißt die Komposition $A \xrightarrow{!_A} \mathbf{0} \xrightarrow{!_B} B$ *Nullmorphismus*, bezeichnet mit $\mathbf{0}_{AB}$.

Beispiele 2.14 (für Nullmorphismen)

- In der Kategorie $\underline{\boldsymbol{G}}$ der Gruppen ist jeder Morphismus fGH mit $f(x) = 1$ für alle $x \in G$ der Nullmorphismus.
- In der Kategorie R der Ringe mit $0 \neq 1$ gibt es wegen $f(0) = 0 \neq 1 = f(1)$ keinen Nullmorphismus.
- In der Kategorie $\underline{\boldsymbol{Mod}}_A$ der A-Moduln und $\underline{\boldsymbol{Vekt}}_K$ der K-Vektorräume ist jeder Morphismus $f: M \to N$ mit $f(x) = 0$ für alle $x \in M$ der Nullmorphismus.

Satz 2.15 (Initiale und terminale Objekte in dualen Kategorien) *Ein Objekt A in einer Kategorie $\underline{\mathbf{A}}$ ist genau dann initial, wenn es in $\underline{\mathbf{A}}^{op}$ terminal ist, und umgekehrt, d. h., ein Objekt A in einer Kategorie $\underline{\mathbf{A}}$ ist genau dann terminal, wenn es in $\underline{\mathbf{A}}^{op}$ initial ist.*

Beweis Folgt unmittelbar aus den Definitionen.

Definition 2.22 ($\mathbb{N}$-Objekte) Sei $\underline{\boldsymbol{K}}$ eine Kategorie mit einem terminalen Objekt **1**. Ein $\mathbb{N}$-*Objekt* in $\underline{\boldsymbol{K}}$ ist ein Objekt N mit Morphismen $!_N: \mathbf{1} \to N$ und $s: N \to N$ derart, dass es für jedes Objekt A mit Morphismen $!_A: \mathbf{1} \to A$ und $t: A \to A$

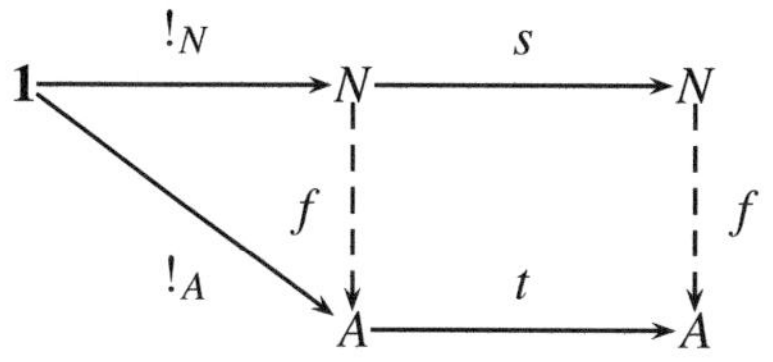

einen eindeutig bestimmten Morphismus $f: N \to A$ mit $f \circ !_N = !_A$ und $f \circ s = t \circ f$ gibt.

Beispiel 2.8 In der Kategorie $\underline{M}$ der Mengen sind N das Objekt der natürlichen Zahlen, $!_N: \mathbf{1} \to N$ die Abbildung $!_N(0) = 0$ und s die Abbildung mit $s(n) = n + 1$.

Für eine Menge X mit Morphismen $!_X: \mathbf{1} \to X$ und $t: X \to X$ ist die Abbildung $f: N \to X$ rekursiv durch $f(0) = 0$ und $f(n+1) = t(f(n))$ definiert.

2.1.7 Egalisatoren und Koegalisatoren

Definition 2.23 (Egalisatoren) Für Objekte A und B einer Kategorie und Morphismen $\underline{A}$ und $f: A \to B$ und $g: A \to B$ heißt ein Morphismus $i: C \to A$ *Egalisator von* f *und* g, wenn $f \circ i = g \circ i$ gilt und es für jedes Objekt D in $\underline{A}$ und jeden Morphismus $h: D \to A$ mit $f \circ h = g \circ h$ genau einen Morphismus $h': D \to C$ mit $i \circ h' = h$ gibt:

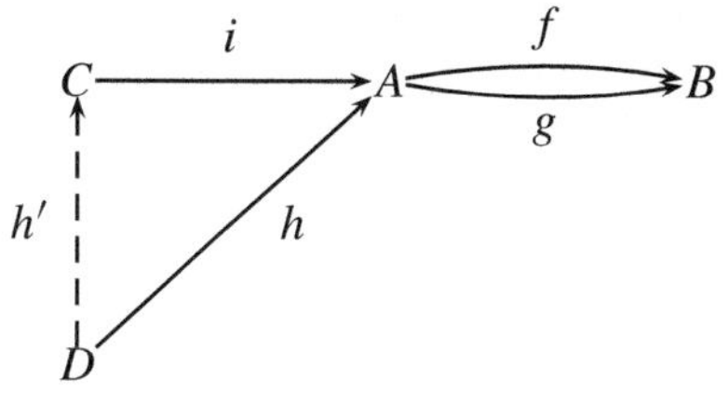

Den Egalisator von f und g bezeichnen wir mit $eg(f, g)$.

Satz 2.16 (Eindeutigkeit von Egalisatoren) *Wenn es zu zwei Morphismen* $f: A \to B$ *und* $g: A \to B$ *einen Egalisator gibt, ist der bis auf Isomorphie eindeutig bestimmt.*

Beweis Seien $i: C \to A$ und $j: D \to A$ Egalisatoren von f und g.

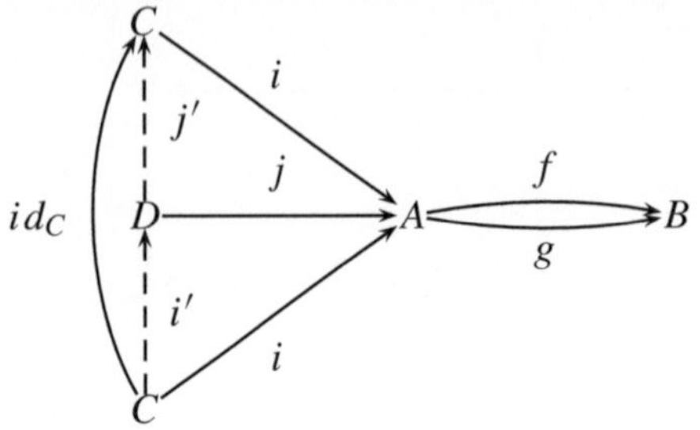

Die Eindeutigkeit liefert $j'i' = id_C$. Analog erhalten wir $i'j' = id_D$, und damit ist $i' : C \to D$ ein Isomorphismus.

Satz 2.17 (Monomorphie der Egalisatoren) *Jeder Egalisator ist ein Monomorphismus.*

Beweis Sei $i : C \to A$ der Egalisator $eg(f, g)$ von $f : A \to B$ und $g : A \to B$.

Wenn D ein Objekt und $h : D \to C$ und $k : D \to C$ Morphismen mit $i \circ h = i \circ k$ sind, gilt $(f \circ i) \circ h = f \circ (i \circ h) = f \circ (i \circ k) = (f \circ i) \circ k$, woraus nach Definition von Egalisatoren $i = k$ folgt.

Aber nicht *jeder* Monomorphismus ist ein Egalisator:

Beispiel 2.9 (für einen Monomorphismus, der kein Egalisator ist) In $\underline{\boldsymbol{R}}$ ist die Einbettung $i : \mathbb{Z} \xrightarrow{\subset} \mathbb{Q}$ injektiv und damit ein Monomorphismus.

Aber i ist kein Egalisator, denn sonst wäre $\mathbb{Z}$ nach dem Lemma 8.7 über Kerne im Buch über die Zahlenbereiche ein Ideal in $\mathbb{Q}$, was nach dem Satz 8.38 im Buch über die Zahlenbereiche nicht der Fall ist.

Beispiele 2.15 (für Egalisatoren) Die Kategorie $\underline{\boldsymbol{M}}$ der Mengen hat Egalisatoren.

Seien A und B Mengen und $f : A \to B$ und $g : A \to B$ Abbildungen. Seien $E = \{ a \in A \mid f(a) = g(a) \} \subset A$ und $i : E \to A$ die Einbettung $E \xrightarrow{\subset} A$. Für eine Abbildung $h : C \to A$ mit $f \circ h = g \circ h$ betrachten wir die durch $\bar{h}(x) = h(x)$ definierte Abbildung $\bar{h} : C \to E$. Dann gilt $i \circ \bar{h}(x) = h(x)$ für alle $x \in C$, also $i \circ \bar{h} = h$. Folglich ist E ein Egalisator von f und g.

Dieses Beispiel lässt sich auf viele andere Kategorien übertragen, z. B. auf die Kategorie $\underline{\boldsymbol{G}}$ der Gruppen und die Kategorien $\underline{\boldsymbol{Mod}}_A$ der A-Moduln.

Definition 2.24 (Reguläre Monomorphismen) Seien $\underline{\boldsymbol{A}}$ eine Kategorie, A und B Objekte in $\underline{\boldsymbol{A}}$ und $f : A \to B$ ein Morphismus. Dann heißt f *regulärer Monomorphismus,* wenn es ein Objekt C in $\underline{\boldsymbol{A}}$ und Morphismen $g : B \to C$ und $h : B \to C$ mit $f = eg(g, h)$ gibt.

Lemma 2.8 (Reguläre Monomorphismen sind monomorph) *Jeder reguläre Monomorphismus ist ein Monomorphismus.*

Beweis Egalisatoren sind nach Satz 2.17 Monomorphismen.

Beispiel 2.10 (für reguläre Monomorphismen) In der Kategorie $\underline{\boldsymbol{M}}$ der Mengen ist *jeder* Monomorphismus $f: A \to B$ (also jede injektive Abbildung) regulär, weil es dann eine (surjektive) Abbildung $g: B \to A$ mit $g \circ f = id_A$ gibt.

Beispiel 2.11 (für einen Monomorphismus, der nicht regulär ist) Es gibt aber Monomorphismen, die nicht regulär sind; z. B. die Einbettung $\mathbb{Q} \overset{\subset}{\longrightarrow} \mathbb{R}$ in der Kategorie K der Körper, weil alle Körperhomomorphismen injektiv sind und damit Egalisatoren nur aus der 0 bestehen.

Lemma 2.9 *Seien A eine Kategorie, A und B Objekte in A und $f: A \to B$ ein Morphismus, der ein Monomorphismus und ein regulärer Epimorphismus ist. Dann ist f ein Isomorphismus.*

Definition 2.25 (Kerne) Wenn eine Kategorie $\underline{\boldsymbol{A}}$ ein Nullobjekt 0 hat, heißt ein Egalisator von $f: A \to B$ und dem Nullmorphismus $0: A \to B$ der *Kern von f* (Schreibweise: $ker(f)$).

Beispiele 2.16 Wir kennen Kerne in einigen Kategorien:

- in $\underline{\boldsymbol{B}}$ aus der Definition 6.26,
- in $\underline{\boldsymbol{G}}$ aus der Definition 7.26 und
- in $\underline{\boldsymbol{Mod}}_A$ (und damit auch in $\underline{\boldsymbol{Vekt}}_K$) aus der Definition 9.7 im Buch über die Zahlenbereiche.

Definition 2.26 (Kernpaare) Seien $\underline{\boldsymbol{A}}$ eine Kategorie, A und B Objekte in $\underline{\boldsymbol{A}}$ und $f: A \to B$ ein Morphismus. Dann heißt ein Objekt C in $\underline{\boldsymbol{A}}$ mit zwei Morphismen $g: C \to A$ und $h: C \to A$ *Kernpaar* von f, wenn es für jedes Objekt D in $\underline{\boldsymbol{A}}$ und je zwei Morphismen $k: D \to A$ und $l: D \to A$ mit $f \circ k = f \circ l$

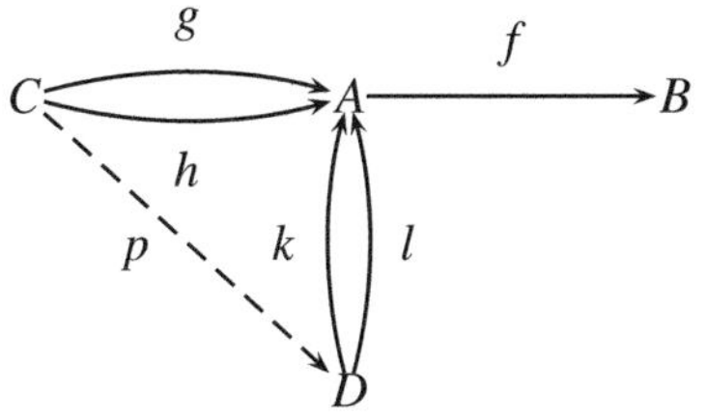

genau einen Morphismus $p: C \to D$ mit $k \circ p = g$ und $k \circ l = h$ gibt.

Definition 2.27 (Koegalisatoren) Für Objekte A und B einer Kategorie und Morphismen $\underline{A}$ und $f: A \to B$ und $g: A \to B$ heißt ein Morphismus $s: B \to C$ in $\underline{\mathbf{A}}$ *Koegalisator von f und g*, wenn $s \circ f = s \circ g$ gilt und es für jedes Objekt D in $\underline{\mathbf{A}}$ und jeden Morphismus $h: B \to D$ mit $h \circ f = h \circ g$ genau einen Morphismus $h': C \to D$ mit $h' \circ s = h$ gibt:

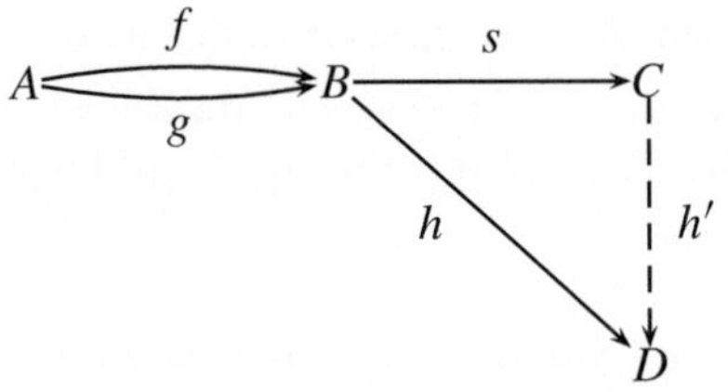

Den Koegalisator von f und g bezeichnen wir mit $Koeg(f, g)$.

Satz 2.18 (Eindeutigkeit von Koegalisatoren) *Wenn es zu zwei Morphismen $f: A \to B$ und $g: A \to B$ einen Koegalisator gibt, ist der bis auf Isomorphie eindeutig bestimmt.*

Beweis Seien $s: B \to C$ und $t: B \to D$ Koegalisatoren von f und g.

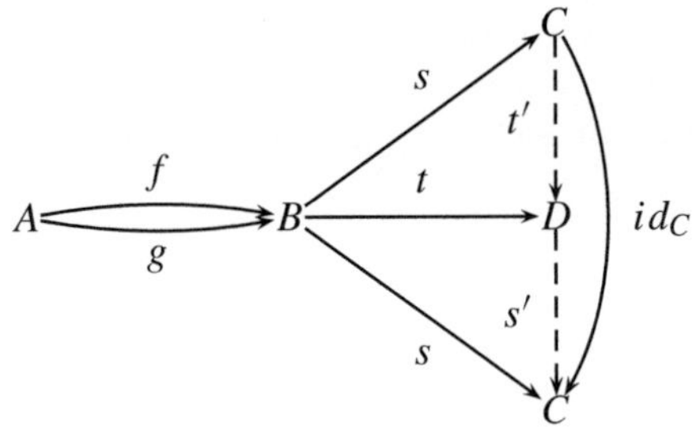

Die Eindeutigkeit liefert $s't' = id_C$. Analog erhalten wir $t's' = id_D$, und damit ist $t': C \to D$ ein Isomorphismus.

Satz 2.19 (Epimorphie der Koegalisatoren) *Jeder Koegalisator ist ein Epimorphismus.*

Beweis Sei $s: B \to C$ der Koegalisator von $f: A \to B$ und $g: A \to B$.

Wenn D ein Objekt und $h: C \to D$ und $k: C \to D$ Morphismen mit $h \circ s = k \circ s$ sind, gilt $h \circ (s \circ f) = (h \circ s) \circ f = (k \circ s) \circ f = k \circ (s \circ f)$, woraus nach Definition von Koegalisatoren $h = k$ folgt.

Beispiel 2.12 (für Koegalisatoren) Die Kategorie $\underline{\mathbf{M}}$ der Mengen hat Koegalisatoren. Seien A und B Mengen und $f: A \to B$ und $g: A \to B$ Abbildungen. Dann betrachten wir folgende Äquivalenzrelation ρ auf B: $b\rho b'$ für $b, b' \in B$ genau dann, wenn es ein $a \in A$ mit $f(a) = b$ und $g(a) = b'$ gibt.

Seien K die Menge B/ρ und $\nu_\rho\colon B \to K$ die natürliche Abbildung.

Für eine Abbildung $h\colon B \to C$ mit $h \circ f = h \circ g$ betrachten wir die durch $\bar{h}([x]_\rho) = h(x)$ definierte Abbildung $\bar{h}\colon K \to C$. Diese Abbildung ist wohldefiniert, denn $[x]_\rho = [y]_\rho$ ist äquivalent dazu, dass es ein $a \in A$ mit $f(a) = x$ und $g(a) = y$ und damit $h \circ f(a) = h(x) = h(y) = g \circ f(a)$ gibt. Damit gilt $\bar{h} \circ \nu_\rho(x) = h(x)$ für alle $x \in C$, also $\bar{h} \circ \nu_\rho = h$.

Folglich ist K ein Koegalisator von f und g.

Definition 2.28 (Reguläre Epimorphismen) Seien $\underline{A}$ eine Kategorie, A und B Objekte in $\underline{A}$ und $f\colon A \to B$ ein Morphismus. Dann heißt f *regulärer Epimorphismus,* wenn es ein Objekt C in $\underline{A}$ und Morphismen $g\colon C \to A$ und $h\colon C \to A$ mit $f = Koeg(g, h)$ gibt.

Lemma 2.10 (Reguläre Epimorphismen sind epimorph) *Jeder reguläre Epimorphismus ist ein Epimorphismus.*

Beweis Koegalisatoren nach Satz 2.19 Epimorphismen.

Beispiel 2.13 (für reguläre Epimorphismen) In der Kategorie $\underline{M}$ der Mengen ist *jeder* Epimorphismus $f\colon A \to B$ (also jede surjektive Abbildung) regulär, weil es dann eine (injektive) Abbildung $g\colon B \to A$ mit $f \circ g = id_B$ gibt.

Beispiele 2.17 (für Epimorphismen, die nicht regulär sind) Es gibt Epimorphismen, die nicht regulär sind:

- in der Kategorie $\underline{\textbf{\textit{Haus}}}$ der Hausdorff-Räume die Inklusionen dichter Unterräume wie etwa $\mathbb{Q} \subset \mathbb{R}$ in $\underline{\textbf{\textit{Haus}}}$, weil es keine stetige Abbildung $\mathbb{R} \to \mathbb{Q}$ gibt.
- In der Kategorie $\underline{\textbf{\textit{IR}}}$ der Integritätsbereiche ist die Inklusion $i\colon \mathbb{Z} \to \mathbb{Q}$ ein Epimorphismus: Seien I ein Integritätsbereich und $f\colon \mathbb{Q} \to I$ und $g\colon \mathbb{Q} \to I$ Ringhomomorphismen mit $f = g$. Dann gilt $f(x) = g(x)$ für alle $x \in \mathbb{Z}$, folglich $f(\frac{a}{b}) \cdot f(b) = f(a) = g(a) = g(a\frac{b}{)} \cdot g(b) = g(\frac{a}{b}) \cdot f(b)$ für alle $a, b \in \mathbb{Z}$. Weil I ein Integritätsbereich ist, folgt daraus $f(\frac{a}{b}) = g(\frac{a}{b})$ für alle $a, b \in \mathbb{Z}$, also $f(x) = g(x)$ für alle $x \in \mathbb{Q}$, und damit $f = g$. Aber i kann kein Koegalisator sein.

Lemma 2.11 *Seien A eine Kategorie, A und B Objekte in A und $f\colon A \to B$ ein Morphismus, der ein regulärer Monomorphismus und ein Epimorphismus ist. Dann ist f ein Isomorphismus.*

Beweis Dual zum Beweis des Lemmas 2.9.

Definition 2.29 (Kokerne) Wenn eine Kategorie $\underline{\mathbf{A}}$ ein Nullobjekt hat, heißt ein Koegalisator von $f\colon A \to B$ und dem Nullmorphismus $0\colon A \to B$ der *Kokern von* f (Schreibweise: $coker(f)$).

Beispiele 2.18 Auch Kokerne kennen wir:

- in $\underline{\boldsymbol{G}}$ aus der Definition 7.28 und
- in $\underline{\boldsymbol{Mod}}_A$ und $\underline{\boldsymbol{Vekt}}_K$ aus der Definition 9.10 im Buch über die Zahlenbereiche.

Satz 2.20 (Egalisatoren und Koegalisatoren in dualen Kategorien)

a) *Ein Morphismus* $f\colon A \to B$ *in einer Kategorie* $\underline{\mathbf{A}}$ *ist genau dann ein Egalisator von Morphismen* $g\colon B \to C$ *und* $h\colon B \to C$*, wenn* $f^{op}\colon B \to A$ *in* $\underline{\mathbf{A}}^{op}$ *ein Koegalisator von* $g^{op}\colon C \to B$ *und* $h^{op}\colon C \to B$ *in* $\underline{\mathbf{A}}^{op}$ *ist.*
b) *Ein Morphismus* $f\colon A \to B$ *in einer Kategorie* $\underline{\mathbf{A}}$ *ist genau dann ein Koegalisator von Morphismen* $g\colon B \to C$ *und* $h\colon B \to C$*, wenn* $f^{op}\colon B \to A$ *in* $\underline{\mathbf{A}}^{op}$ *ein Egalisator von* $g^{op}\colon C \to B$ *und* $h^{op}\colon C \to B$ *in* $\underline{\mathbf{A}}^{op}$ *ist.*

Beweis Folgt unmittelbar aus den Definitionen.

Satz 2.21 (Kerne und Kokerne in dualen Kategorien) *Ein Morphismus* $f\colon A \to B$ *in einer Kategorie* $\underline{\mathbf{A}}$ *ist genau dann ein Kern von* $g\colon B \to C$*, wenn* $f^{op}\colon B \to A$ *in* $\underline{\mathbf{A}}^{op}$ *ein Kokern von* $g^{op}\colon C \to B$ *in* $\underline{\mathbf{A}}^{op}$ *ist, und umgekehrt, d. h., ein Morphismus* $g\colon B \to C$ *in einer Kategorie* $\underline{\mathbf{A}}$ *ist genau dann ein Kokern von* $f\colon A \to B$*, wenn* $f^{op}\colon B \to A$ *in* $\underline{\mathbf{A}}^{op}$ *ein Kern von* $g^{op}\colon C \to B$ *in* $\underline{\mathbf{A}}^{op}$ *ist.*

Beweis Folgt unmittelbar aus den Definitionen.

2.1.8 Allgemeine Egalisatoren und Koegalisatoren

Definition 2.30 (Allgemeine Egalisatoren) Für Objekte A und B einer Kategorie und eine Menge $\{ f_i\colon A \to B \mid i \in I \}$ von Morphismen von A nach B heißt ein Morphismus $i\colon C \to A$ *allgemeiner Egalisator der* f_i, wenn $f_i \circ i = f_j \circ i$ für alle i und $j \in I$ gilt und es für jedes Objekt D in $\underline{\mathbf{A}}$ und jeden Morphismus $h\colon D \to A$ mit $f_i \circ h = f_j \circ h$ für alle i und $j \in I$ genau einen Morphismus $h'\colon D \to C$ mit $i \circ h' = h$ gibt:

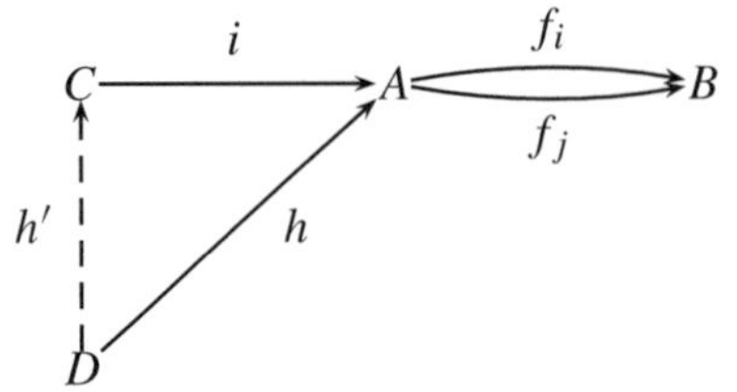

Den allgemeinen Egalisator der f_i bezeichnen wir mit $Eg_I(f)$. Egalisatoren sind Spezialfälle allgemeiner Egalisatoren für eine Menge I mit zwei Elementen.

Die Sätze 2.17 und 2.16 über die Monomorphie und die Eindeutigkeit von Egalisatoren sind leicht auf allgemeine Egalisatoren übertragbar.

Definition 2.31 (Allgemeine Koegalisatoren) Dual zur Definition 2.30 allgemeiner Egalisatoren.

2.1.9 Produkte und Koprodukte

Definition 2.32 (Produkte) Seien A und B Objekte einer Kategorie $\underline{\mathbf{A}}$. Dann heißt ein Objekt P in $\underline{\mathbf{A}}$ *Produkt* von A und B, wenn es Morphismen $\pi_A \colon P \to A$ und $\pi_B \colon P \to B$ gibt, sodass es für jedes Objekt C in $\underline{\mathbf{A}}$ und je zwei Morphismen $f \colon P \to A$ und $g \colon P \to B$ *genau einen* Morphismus $h \colon C \to A \times B$ mit $\pi_A \circ h = f$ und $\pi_B \circ h = g$ gibt:

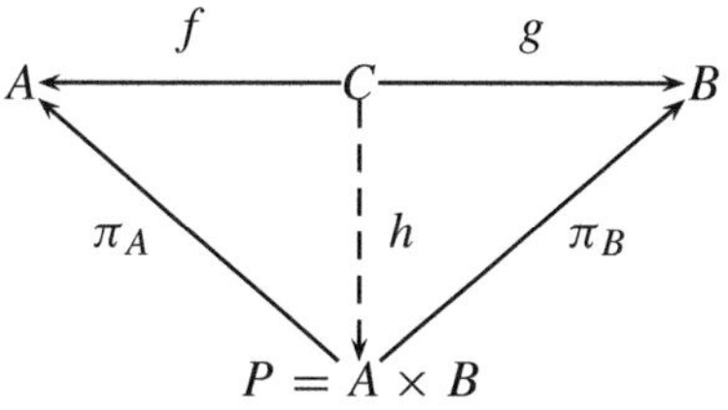

In diesem Fall heißt P das *Produkt* von A und B und wird mit $A \times B$ bezeichnet, die Morphismen π_A und π_B heißen *Projektionen*, und der Morphismus h wird mit (f, g) bezeichnet.

Satz 2.22 (Eindeutigkeit von Produkten) *Wenn es für zwei Objekte A und B einer Kategorie* $\underline{\mathbf{A}}$ *ein Produkt* $A \times B$ *gibt, ist es bis auf Isomorphie eindeutig bestimmt.*

Beweis Siehe Beweis des Satzes 2.51 über die universellen Eigenschaften des Produkts bei Mengen im Buch über die Zahlenbereiche.

Beispiele 2.19 (für Produkte) Wir kennen Produkte in vielen Kategorien:

- in $\underline{\mathbf{M}}$ aus der Definition 1.10,
- in $\underline{\mathbf{O}}$ aus dem Satz 3.2,
- in $\underline{\mathbf{V}}$ aus der Definition 6.13,
- in $\underline{\mathbf{G}}$ aus dem Satz 7.39,
- in $\underline{\mathbf{A}}G$ aus dem Satz 7.40,
- in $\underline{\mathbf{R}}$ aus dem Satz 8.21,

- in $\underline{\textit{Mod}}_A$ und $\underline{\textit{Vekt}}_K$ aus dem Satz 9.8 und
- in $\underline{\textit{Top}}$ aus der Definition 12.48 im Buch über die Zahlenbereiche.

Definition 2.33 (Koprodukte) Seien A und B Objekte einer Kategorie A. Dann heißt ein Objekt P in A *Koprodukt* von A und B, wenn es Morphismen $A\colon \sigma_A \to S$ und $B\colon \sigma_B \to S$ gibt, sodass es für jedes Objekt C in $\underline{\mathbf{A}}$ und je zwei Morphismen $f\colon A \to S$ und $g\colon B \to S$ *genau einen* Morphismus $h\colon S \to C$ mit $h \circ \sigma_A = f$ und $h \circ \sigma_B = g$ gibt:

In diesem Fall heißt S das *Koprodukt* von A und B und wird mit $A + B$ bezeichnet, die Morphismen σ_A und σ_B heißen *Injektionen*, und der Morphismus h wird mit $f \oplus g$ bezeichnet.

Satz 2.23 (Eindeutigkeit von Koprodukten) *Wenn es für zwei Objekte A und B einer Kategorie $\underline{\mathbf{A}}$ ein Koprodukt $A \oplus B$ gibt, ist es bis auf Isomorphie eindeutig bestimmt.*

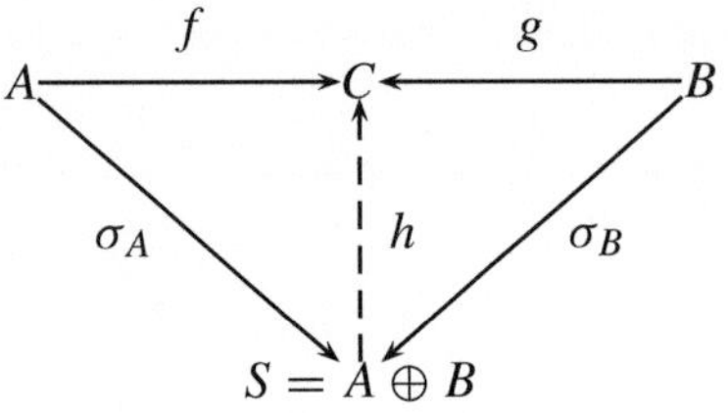

Beweis Dual zum Beweis von Satz 2.22

Beispiele 2.20 (für Koprodukte) Auch Koprodukte kennen wir in einigen Kategorien:

- in $\underline{\textit{M}}$ aus der Definition 1.13,
- in $\underline{\textit{O}}$ aus dem Satz 3.2 und
- in $\underline{\textit{Mod}}_A$ und $\underline{\textit{Vekt}}_K$ aus der Definition 9.12 im Buch über die Zahlenbereiche.

Satz 2.24 (Produkte und Koprodukte in dualen Kategorien)

a) *$A \times B$ ist genau dann ein Produkt von A und B in $\underline{\mathbf{A}}$, wenn $A \oplus B$ ein Koprodukt von A und B in $\underline{\mathbf{A}}^{op}$ ist.*
b) *$A \oplus B$ ist genau dann ein Koprodukt von A und B in $\underline{\mathbf{A}}$, wenn $A \times B$ ein Produkt von A und B in $\underline{\mathbf{A}}^{op}$ ist.*

Beweis Folgt unmittelbar aus den Definitionen.

2.1.10 Allgemeine Produkte und Koprodukte

Definition 2.34 (Allgemeine Produkte) Sei I eine Menge, und für jedes $i \in I$ sei A_i ein Objekt einer Kategorie $\underline{\mathbf{A}}$. Dann heißt ein Objekt P in $\underline{\mathbf{A}}$ *allgemeines Produkt* der A_i, wenn es für jedes $i \in I$ einen Morphismus $\pi_i : P \to A_i$ gibt, sodass es für jedes Objekt B in $\underline{\mathbf{A}}$ und jede Menge von Morphismen $\{ B \xrightarrow{f_i} A_i \mid i \in I \}$ für jedes $i \in I$ *genau einen* Morphismus $h : B \to A \times B$ mit $\pi_i \circ h = f_i$ gibt:

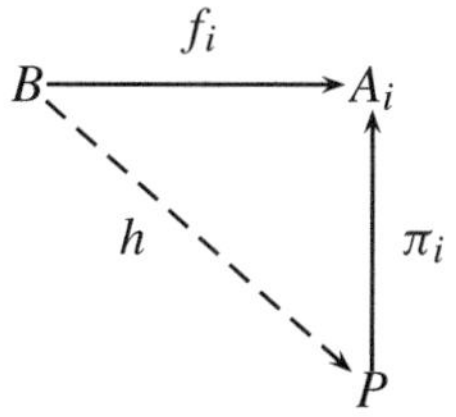

Das allgemeine Produkt P wird mit $\prod\limits_{i \in I} A_i$ bezeichnet; die Morphismen $\pi_i : P \to A_i$ heißen *Projektionen.*

Das Produkt von zwei Objekten A und $B \in \underline{\mathbf{A}}$ ist ein Spezialfall davon für $I = |\underline{\mathbf{2}}|$.

Satz 2.25 (Eindeutigkeit von allgemeinen Produkten) *Wenn es für eine Menge I und Objekte $\{ A_i \mid i \in I \}$ in einer Kategorie $\underline{\mathbf{A}}$ ein allgemeines Produkt $\prod\limits_{i \in I} A_i$ gibt, ist es bis auf Isomorphie eindeutig bestimmt.*

Beweis Analog zum Beweis des Satzes 2.22 über die Eindeutigkeit von Produkten.

Beispiele 2.21 (für allgemeine Produkte)

- Sei für jedes $i \in I$ eine Menge A_i gegeben.
  Dann ist die Menge $\prod\limits_{i \in I} A_i = \{ x : I \to \bigcup_{i \in I} \mid x(i) \in A_i$ für alle $i \in I \}$ das allgemeine Produkt der A_i mit den durch $\pi_i(x) = x(i)$ für $i \in I$ definierten Projektionen:
  Für jede Menge $\{ f_i : B \to A_i \}$ von Abbildungen existiert genau eine Abbildung $f : B \to \prod\limits_{i \in I}$ mit $\pi_i \circ f = f_i$ für alle $i \in I$. Wir definieren f durch $f((x))(i) = f_i(x)$ für $i \in I$; dann gilt $(\pi_i \circ f)(x) = (f(x)(i) = f_i(x)$ für alle $x \in B$ und $i \in i$, also $\pi_i \circ f = f_I$.
- Diese Konstruktion lässt sich auch z. B. auf die Kategorien $\underline{\boldsymbol{G}}$ der Gruppen, $\underline{\boldsymbol{R}}$ der Ringe und $\underline{\boldsymbol{Mod}}_A$ der A-Moduln dadurch übertragen, dass die algebraischen Operationen komponentenweise definiert werden.

Satz 2.26 (Jede Kategorie mit Produkten hat endliche allgemeine Produkte) *Sei $\underline{\boldsymbol{A}}$ eine Kategorie, die für je zwei Objekte A und B das Produkt $A \times B$ hat. Dann hat $\underline{\boldsymbol{A}}$ auch endliche allgemeine Produkte.*

Beweis Der Beweis ist per vollständiger Induktion wegen $\prod_{i=1}^{n-1} A_i \times A_n = \prod_{i=1}^{n}$ trivial.

Definition 2.35 (Allgemeine Koprodukte) Sei I eine Menge, und für jedes $i \in I$ sei A_i ein Objekt einer Kategorie $\underline{\boldsymbol{A}}$. Dann heißt ein Objekt K in $\underline{\boldsymbol{A}}$ *allgemeines Koprodukt* der A_i, wenn es für jedes $i \in I$ einen Morphismus $\sigma_i : A_i \to K$ gibt, sodass es für jedes Objekt B in $\underline{\boldsymbol{A}}$ und jede Menge von Morphismen $\{ A_i \xrightarrow{f_i} B \mid i \in I \}$ für jedes $i \in I$ *genau einen* Morphismus $h: K \to B$ mit $h \circ \sigma_i = f_i$ gibt:

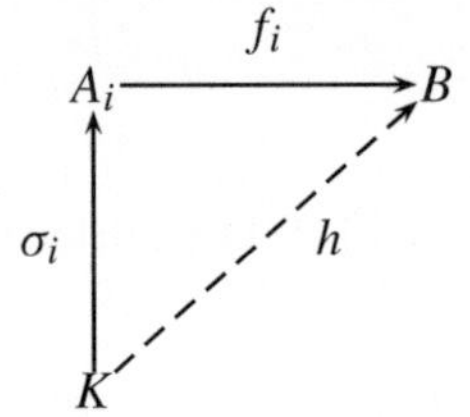

Das allgemeine Koprodukt K wird mit $\sum_{i \in I} A_i$ bezeichnet; die Morphismen $\sigma_i : A_i \to K$ heißen *Injektionen.*

Das Koprodukt von zwei Objekten A und $B \in \underline{\boldsymbol{A}}$ ist ein Spezialfall davon für $I = |\underline{2}|$.

Satz 2.27 (Eindeutigkeit von allgemeinen Koprodukten) *Wenn es für eine Menge I und Objekte $\{ A_i \mid i \in I \}$ in einer Kategorie $\underline{\boldsymbol{A}}$ ein allgemeines Koprodukt $\sum_{i \in I} A_i B$ gibt, ist es bis auf Isomorphie eindeutig bestimmt.*

Beweis Dual zum Beweis des Satzes 2.25 über die Eindeutigkeit allgemeiner Produkte.

Beispiele 2.22 (für allgemeine Koprodukte)

- Sei für jedes $i \in I$ eine Menge $A_i \in \underline{\boldsymbol{M}}$ gegeben.
  Dann ist die Menge $\sum_{i \in I} A_i = \{ (x, i) \mid i \in A_i \}$ das allgemeine Koprodukt der A_i mit den durch $(\sigma_i(i))(x) = (x, i)$ für $i \in I$ definierten Injektionen:
  Für jede Menge $\{ f_i : A_i \to B \}$ von Abbildungen existiert genau eine Abbildung $f\colon \sum_{i \in I} A_i \to B$ mit $f \circ \sigma_i = f_i$ für alle $i \in I$. Wir definieren f durch $f(x, i) = f_i(x)$ für $x \in$ und $i \in I$; dann gilt $(f \circ \sigma_i)(x) = f(\sigma_i(x)) = f_i(x)$ für alle $x \in B$ und $i \in i$, also $f \circ \sigma_i = f_i$.

- Sei für jedes $i \in I$ ein A-Modul $M_i \in \underline{\boldsymbol{Mod}}_A$ gegeben.
  Dann ist die Menge $\{ x \in \prod_{i \in I} M_i \mid x(i) = 0$ für fast alle $i \in I \}$ ein allgemeines Koprodukt in der Kategorie der A-Moduln.

Satz 2.28 (Allgemeine Produkte und Koprodukte in dualen Kategorien)

a) $\prod_{i \in I} A_i$ *ist genau dann ein allgemeines Produkt der* $\{ A_i \mid i \in I \}$ *in* $\underline{\mathbf{A}}$*, wenn* $\sum_{i \in I} A_i$ *ein allgemeines Koprodukt in* $\underline{\mathbf{A}}^{op}$ *ist.*

b) $\sum_{i \in I} A_i$ *ist genau dann ein allgemeines Koprodukt der* $\{ A_i \mid i \in I \}$ *in* $\underline{\mathbf{A}}$*, wenn* $\prod_{i \in I} A_i$ *ein allgemeines Produkt in* $\underline{\mathbf{A}}^{op}$ *ist.*

Beweis Folgt unmittelbar aus den Definitionen.

2.1.11 Pullbacks und Pushouts

Definition 2.36 (Pullbacks) Seien A, B und C Objekte einer Kategorie $\underline{\mathbf{A}}$ und $f\colon A \to C$ und $g\colon B \to C$ Morphismen. Dann heißt ein Objekt P in $\underline{\mathbf{A}}$ *Pullback* von f und g, wenn es Morphismen $\rho_A\colon P \to A$ und $\rho_B\colon P \to B$ gibt, sodass es für jedes Objekt D in $\underline{\mathbf{A}}$ und je zwei Morphismen $h\colon D \to A$ und $k\colon D \to B$ mit $f \circ h = g \circ k$ *genau einen* Morphismus $j\colon D \to P$ mit $\rho_A \circ j = h$ und $\rho_B \circ j = k$ gibt:

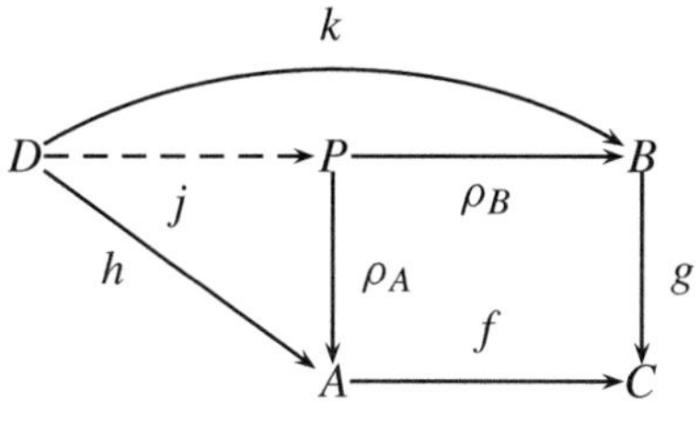

Satz 2.29 (Eindeutigkeit von Pullbacks) *Wenn es für alle Objekte A, B und C einer Kategorie $\underline{\mathbf{A}}$ und je zwei Morphismen $f\colon A \to C$ und $g\colon B \to C$ ein Pullback gibt, ist es bis auf Isomorphie eindeutig bestimmt.*

Beweis Der Beweis verläuft analog zu den Beweisen entsprechender Eindeutigkeitsaussagen, z. B. bei Produkten. Er ist als Übungsaufgabe überlassen.

Lemma 2.12 (Pullbacks als Egalisatoren) *Seien $\underline{\mathbf{A}}$ eine Kategorie, A, B und C Objekte in $\underline{\mathbf{A}}$ und $f\colon A \to C$ und $g\colon B \to C$Morphismen. Dann ist das Pullback von f und g als Egalisator konstruierbar.*

Beweis Sei E der Egalisator von $f \circ \pi_A$ und $g \circ \pi_B$ für die Projektionen $\pi_A : A \times B \to A$ und $\pi_B : A \times B \to B$. Für ein Objekt D in $\underline{\mathbf{A}}$ und Morphismen $h : D \to A$ und $k : D \to B$ mit $f \circ h = g \circ k$ sei $j : D \to E$ durch $j(x) = (h(x), k(x))$ definiert. Es gilt tatsächlich $j(x) \in E \subset A \times B$, weil $(f \circ \pi_A \circ j)(x) = (f \circ h)(x) = (g \circ k)(x) = (g \circ \pi_b \circ j)(x)$ gilt.

Lemma 2.13 (Charakterisierung von Monomorphismen durch Pullbacks) *Seien A und B Objekte einer Kategorie $\underline{\mathbf{A}}$. Dann ist ein Morphismus $f : A \to B$ genau dann ein Monomorphismus, wenn*

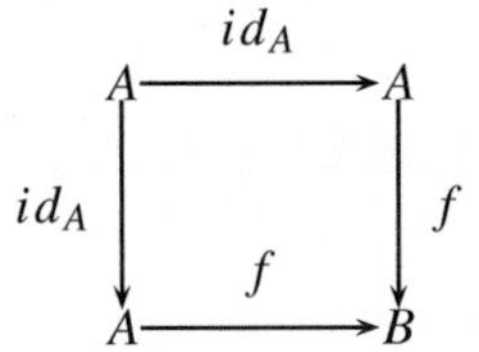

ein Pullback ist.

Beweis Wenn f ein Monomorphismus, C ein Objekt in $\underline{\mathbf{A}}$ und g, h Morphismen $C \to A$ mit $f \circ g = f \circ h$ sind, folgt $g = h$.

Seien $g : C \to A$ und $h : C \to A$ Morphismen mit $g \circ h = f \circ h$. Da das obige Diagramm ein Pullback ist, gibt es dann genau einen Morphismus $k : C \to A$ mit $id_A \circ k = g$ und $id_A \circ k = h$. Es folgt $g = h$, also ist f ein Monomorphismus.

Satz 2.30 (Egalisatoren als Pullbacks) *Sei $\underline{\mathbf{A}}$ eine Kategorie mit einem terminalen Objekt* **1**, *in der zu jedem Paar von Morphismen $f : A \to B$ und $g : A \to B$ das Pullback P*

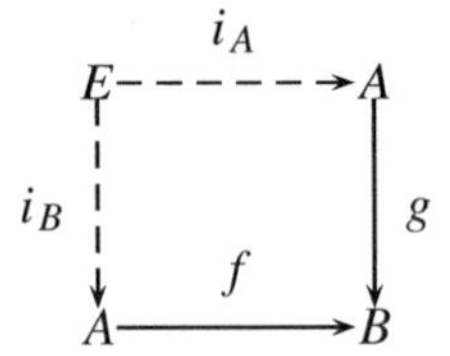

existiert. Dann ist E zum Egalisator von f und g isomorph.

Beweis Seien C ein Objekt in $\underline{\mathbf{A}}$ und $h : C \to P$ ein Morphismus mit $f \circ h = g \circ h$. Dann existiert genau ein Morphismus $k : C \to P$ mit $i_A \circ k = h$ und $i_B \circ k = h$. Damit ist E zum Egalisator von f und g isomorph.

Satz 2.31 (Produkte als Pullbacks) *Sei $\underline{\mathbf{A}}$ eine Kategorie mit einem terminalen Objekt* **1**, *in der zu jedem Paar von Morphismen $f : A \to B$ und $g : A \to B$ das Pullback P*

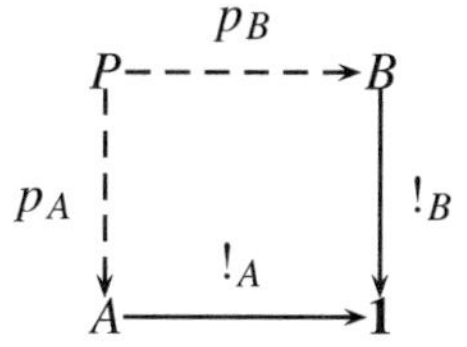

existiert. Dann ist P zum Produkt $A \times B$ von A und B isomorph.

Beweis Sei C ein Objekt mit Morphismen $f: C \to A$ und $g: C \to B$. Wegen $!_A \circ f =!_C =!_\circ g$ gibt es dann genau einen Morphismus $h: C \to P$ mit $p_A \circ f = f$ und $p_B \circ g = g$, nämlich $h = (f, g)$. Damit ist P zum Produkt von A und B isomorph.

Definition 2.37 (Pushouts) Seien A und B Objekte einer Kategorie $\underline{\mathbf{A}}$. Dann heißt ein Objekt P in $\underline{\mathbf{A}}$ *Pushout* von A und B, wenn es Morphismen $\tau_B: B \to P$ und $\tau_C: C \to P$ gibt, sodass es für jedes Objekt D in $\underline{\mathbf{A}}$ und je zwei Morphismen $h: B \to D$ und $k: C \to D$ mit $\tau_B \circ f = \tau_C \circ g$ *genau einen* Morphismus $j: P \to D$ mit $j \circ \tau_B = h$ und $j \circ \tau_C = k$ gibt:

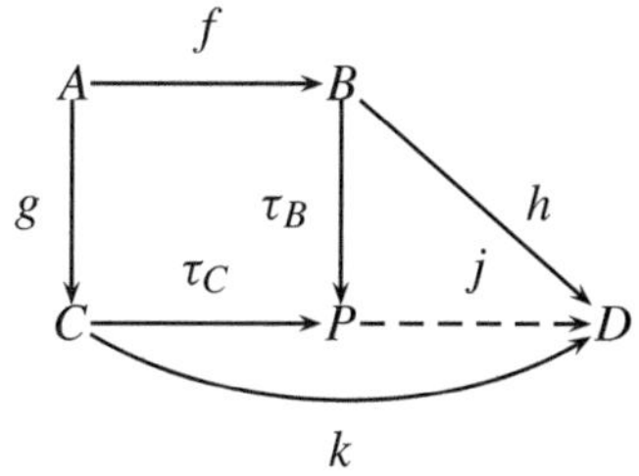

Satz 2.32 (Eindeutigkeit von Pushouts) *Wenn es für alle Objekte A, B und C einer Kategorie $\underline{\mathbf{A}}$ und je zwei Morphismen $f: A \to B$ und $g: A \to C$ ein Pushout gibt, ist es bis auf Isomorphie eindeutig bestimmt.*

Beweis Dual zum Beweis von Satz 2.29.

Lemma 2.14 (Pushouts als Koegalisatoren) *Seien $\underline{\mathbf{A}}$ eine Kategorie, A, B und C Objekte in $\underline{\mathbf{A}}$ und $f: A \to B$ und $g: A \to C$ Morphismen. Dann ist das Pushout von f und g als Koegalisator konstruierbar.*

Beweis Dual zum Beweis des Lemmas 2.12.

Lemma 2.15 (Charakterisierung von Epimorphismen durch Pushouts) *Seien A und B Objekte einer Kategorie $\underline{\mathbf{A}}$. Dann ist ein Morphismus $f: A \to B$ genau dann ein Epimorphismus, wenn*

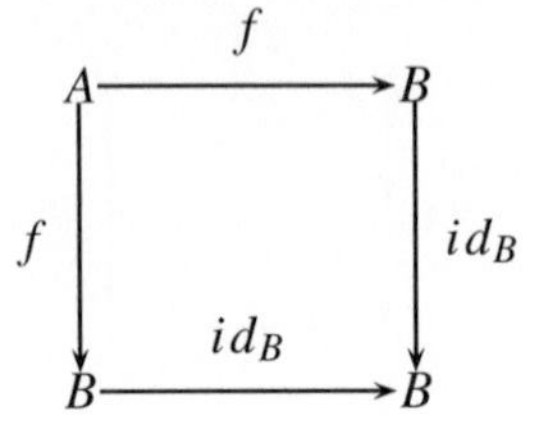

ein Pushout ist.

Beweis Dual zum Beweis von Lemma 2.13.

Beispiele 2.23 (für Pullbacks und Pushouts)

- In der Kategorie $\underline{\boldsymbol{M}}$ der Mengen gibt es Pullbacks, denn für Mengen A, B und C und Abbildungen $f: A \to C$ und $g: B \to C$ ist der Egalisator von $f \circ \pi_A$ und $g \circ \pi_B$ für die Projektionen $\pi_A: A \times B \to A$ und $\pi_B: A \times B \to B$ ein Pullback.
- Das vorige Beispiel kann auch auf die Kategorie $\underline{\boldsymbol{Mod}}_A$ und auf viele andere Kategorien, die Egalisatoren haben, übertragen werden.
- In der Kategorie $\underline{\boldsymbol{M}}$ der Mengen gibt es Pushouts, denn für Mengen A, B und C und Abbildungen $f: A \to B$ und $g: A \to C$ ist der Koegalisator von $\sigma_B \circ f$ und $\sigma_C \circ g$ für die Injektionen $\sigma_A: A \to A + B$ und $\sigma_B: B \to A + B$ ein Pushout.
- Das vorige Beispiel kann auch auf die Kategorie $\underline{\boldsymbol{Mod}}_A$ und auf viele andere Kategorien, die Koegalisatoren haben, übertragen werden.

Satz 2.33 (Pullbacks und Pushouts in dualen Kategorien)

a) *P ist genau dann ein Pullback von $f: A \to B$ und $g: A \to C$, wenn P^{op} ein Pushout von $f^{op}: B^{op} \to A^{op}$ und $g^{op}: C^{op} \to A^{op}$ in $\underline{\mathbf{A}}^{op}$ ist.*

a) *P ist genau dann ein Pushout von $f: A \to B$ und $g: A \to C$, wenn P^{op} ein Pullback von $f^{op}: C^{op} \to A^{op}$ und $f^{op}: C^{op} \to B^{op}$ in $\underline{\mathbf{A}}^{op}$ ist.*

Beweis Folgt unmittelbar aus den Definitionen.

2.2 Funktoren

Definition 2.38 (Funktor) Seien $\underline{\boldsymbol{A}}$ und $\underline{\boldsymbol{B}}$ Kategorien. Eine Zuordnung $F: \underline{\boldsymbol{A}} \to \underline{\boldsymbol{B}}$ von $\underline{\boldsymbol{A}}$ nach $\underline{\boldsymbol{B}}$ heißt *Funktor von $\underline{\boldsymbol{A}}$ nach $\underline{\boldsymbol{B}}$*, wenn sie jedem $A \in Ob(\underline{\mathbf{A}})$ ein $F(A) \in Ob(\underline{\mathbf{B}})$ und je zwei Objekten $A, B \in Ob(\underline{\mathbf{A}})$ eine Abbildung $F: \underline{\mathbf{A}}(A, B) \to \underline{\boldsymbol{B}}(F(A), F(B)$ zuordnet, für die Folgendes gilt:

- Für jedes Objekt A in $\underline{\mathbf{A}}$ gilt $F(id_A) = id_{F(A)}$ und
- für Objekte A, B und C in $\underline{\mathbf{A}}$ und Morphismen $f\colon A \to B$ und $g\colon B \to C$ gilt $F(g \circ f) = F(g) \circ F(f)$.

Satz 2.34 (Identitätsfunktor) *Für jede Kategorie A ist der* Identitätsfunktor $Id_A\colon \underline{\mathbf{A}} \to \underline{\mathbf{A}}$ *mit* $Id_{\underline{\mathbf{A}}}(A) = A$ *für jedes Objekt A in* $\underline{\mathbf{A}}$ *und* $Id_{\underline{\mathbf{A}}}(f) = f$ *für jeden Morphismus* $f\colon A \to A'$ *ein Funktor.*

Beweis Trivial.

Satz 2.35 (Komposition von Funktoren) *Für je drei Kategorien A, B und C und je zwei Funktoren* $F\colon \underline{\mathbf{A}} \to \underline{\mathbf{B}}$ *und* $G\colon \underline{\mathbf{B}} \to \underline{\mathbf{C}}$ *ist die* Komposition GF *von F und G, definiert durch* $GF(A) = G(F(A))$ *und* $GF(f) = G(F(f))$ *für Morphismen* $f\colon A \to A'$ *in* $\underline{\mathbf{A}}$, *ein Funktor* $GF\colon \underline{\mathbf{A}} \to \underline{\mathbf{C}}$.

Diese Komposition ist assoziativ, und die Identitätsfunktoren sind neutral für sie.

Beweis Trivial.

Satz 2.36 (Funktoren bewahren Isomorphismen) *Für je zwei Kategorien* $\underline{\mathbf{A}}$ *und* $\underline{\mathbf{B}}$, *jeden Funktor* $F\colon \underline{\mathbf{A}} \to \underline{\mathbf{B}}$ *und jeden Morphismus* $f\colon A \to B$ *ist* $F(f)\colon F(A) \to F(B)$ *ein Isomorphismus, wenn* $f\colon A \to B$ *ein Isomorphismus ist.*

Beweis Trivial, weil Funktoren Identitäten und Kompositionen bewahren.

Dieser Satz hat sehr wichtige Anwendungen:

Mitunter ist die Frage, ob zwei bestimmte Objekte in einer Kategorie isomorph sind, in dieser Kategorie – wenn überhaupt – nur sehr schwer zu entscheiden.

Es gibt aber Situationen, in denen durch eine geschickte Konstruktion eines Funktors in eine andere Kategorie eine negative Antwort auf diese Frage erheblich leichter entscheidbar ist, indem bewiesen wird, dass die Bilder der betreffenden Objekte unter dem Funktor nicht isomorph sind.

Definition 2.39 (Isomorphie von Kategorien) Zwei Kategorien $\underline{\mathbf{A}}$ und $\underline{\mathbf{B}}$ heißen *isomorph,* wenn es Funktoren $F\colon \underline{\mathbf{A}} \to \underline{\mathbf{B}}$ und $G\colon \underline{\mathbf{B}} \to \underline{\mathbf{A}}$ mit $G \circ F = Id_{\underline{\mathbf{A}}}$ und $F \circ G = Id_{\underline{\mathbf{B}}}$ gibt, d. h., wenn G invers zu F ist.

In diesem Fall sind die durch $A \mapsto F(A)$ für A in $Ob(\underline{\mathbf{A}})$ definierte Abbildung $F\colon \underline{\mathbf{A}} \to \underline{\mathbf{B}}$ und die durch $f \mapsto F(f)$ für $f \in \underline{\mathbf{A}}(A, B)$ definierte Abbildung $F\colon \underline{\mathbf{A}}(A, B) \to \underline{\mathbf{B}}(F(A), F(B))$ bijektiv.

2.2.1 Produktkategorien

Definition 2.40 Für je zwei Kategorien $\underline{\boldsymbol{A}}$ und $\underline{\boldsymbol{B}}$ ist ihre *Produktkategorie* $\underline{\boldsymbol{A}} \times \underline{\boldsymbol{B}}$ wie folgt definiert:

- $Ob(\underline{\boldsymbol{A}} \times \underline{\boldsymbol{B}}) = \{(A, B) \mid A \in Ob(\underline{\boldsymbol{A}}), B \in Ob(\underline{\boldsymbol{B}})\}$ und
- $\underline{\boldsymbol{A}} \times \underline{\boldsymbol{B}}((A, B), (C, D)) = \underline{\boldsymbol{A}}(A, C) \times \underline{\boldsymbol{B}}(B, D)$ für je zwei Objekte (A, B), (C, D) in $\underline{\boldsymbol{A}} \times \underline{\boldsymbol{B}}$ mit komponentenweiser Komposition der Morphismen.

Dabei gilt folgende universelle Eigenschaft – wie beim kartesischen Produkt in $\underline{\boldsymbol{M}}$:

Satz 2.37 *Für je zwei Kategorien* $\underline{\boldsymbol{A}}$ *und* $\underline{\boldsymbol{B}}$ *gibt es die* Projektionen $P_{\underline{\boldsymbol{A}}}: \underline{\boldsymbol{A}} \times \underline{\boldsymbol{B}} \to \underline{\boldsymbol{A}}$ *und* $P_{\underline{\boldsymbol{B}}}: \underline{\boldsymbol{A}} \times \underline{\boldsymbol{B}} \to \underline{\boldsymbol{B}}$ *derart, dass für je zwei Funktoren* $F: \underline{\boldsymbol{C}} \to \underline{\boldsymbol{A}}$ *und* $G: \underline{\boldsymbol{C}} \to \underline{\boldsymbol{B}}$ *genau ein Funktor* $(F, G): \underline{\boldsymbol{C}} \to \underline{\boldsymbol{A}} \times \underline{\boldsymbol{B}}$ *mit* $P_{\underline{\boldsymbol{A}}} \circ (F, G) = F$ *und* $P_{\underline{\boldsymbol{B}}} \circ (F, G) = G$ *existiert.*

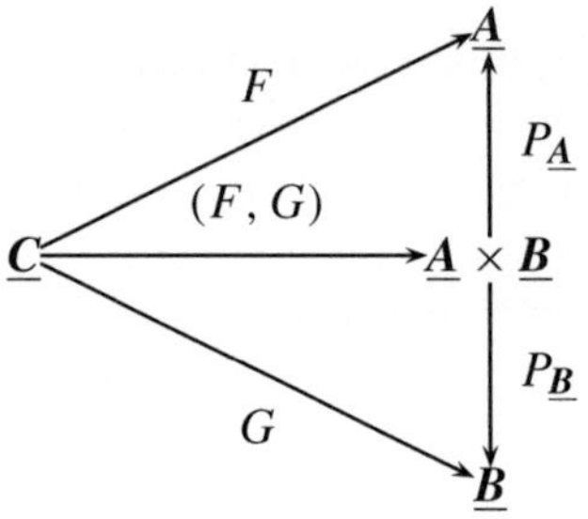

Beweis Trivialerweise sind die Projektionsfunktoren wirklich Funktoren.

Wir definieren $(F, G)(C) = (F(C), G(C)) \in \underline{\boldsymbol{A}} \times \underline{\boldsymbol{B}}$ für C in $\underline{\boldsymbol{C}}$ und $(F, G)(f) = F(f) \times G(f): \underline{\boldsymbol{A}} \times \underline{\boldsymbol{B}} \to \underline{\boldsymbol{A}} \times \underline{\boldsymbol{B}}$ für $f: C \to D$.

Satz 2.38 (Mono-, Epi- und Isomorphismen in Produktkategorien) *Seien* $\underline{\boldsymbol{A}}$ *und* $\underline{\boldsymbol{B}}$ *Kategorien,* A *und* A' *Objekte in* $\underline{\boldsymbol{A}}$, B *und* B' *Objekte in* $\underline{\boldsymbol{B}}$, $f: A \to B$ *und* $g: A' \to Bi'$ *Morphismen. Dann sind folgende Aussagen äquivalent:*

a) f *und* g *sind Monomorphismen,*
b) $(f, g): (A, B) \to (A', B')$ *ist ein Monomorphismus.*

Entsprechendes gilt für Epimorphismen und Isomorphismen.

Beweis Wegen komponentenweiser Komposition der Morphismen trivial.

Satz 2.39 (Funktoren in zwei Variablen) *Ein Funktor „in zwei Variablen“ $F\colon \underline{\mathbf{A}} \times \underline{\mathbf{B}} \to \underline{\mathbf{C}}$ ist durch Familien von Funktoren $\{G_A\colon \underline{\mathbf{B}} \to \underline{\mathbf{C}} \mid A \in Ob(\underline{\mathbf{A}})\}$ und $\{H_B\colon \underline{\mathbf{A}} \to \underline{\mathbf{C}} \mid B \in Ob(\underline{\mathbf{B}})\}$ gegeben, die folgenden Bedingungen genügen:*

- $G_A(B) = H_B(A)$ *für alle* $(A, B) \in Ob(\underline{\mathbf{A}} \times \underline{\mathbf{B}})$ *und*
- *für jeden Morphismus* $(f, g)\colon (A, B) \to (A', B')$ *in* $\underline{\mathbf{A}} \times \underline{\mathbf{B}}$ *kommutiert das Diagramm*

$$\begin{array}{ccc}
G_A(B) = H_B(A) & \xrightarrow{H_B(f)} & H_B(A') = G_{A'}(B) \\
{\scriptstyle G_A(g)}\downarrow & & \downarrow{\scriptstyle G_{A'}(g)} \\
G_A(B') = H_{B'}(A) & \xrightarrow{H_{B'}(f)} & H_{B'}(A') = G_{A'}(B')
\end{array}$$

Beweis Die Bedingungen für so einen Funktor F sind mit $G_A = F(A, -)\colon \underline{\mathbf{B}} \to \underline{\mathbf{C}}$ und $H_B = F(-, B)\colon \underline{\mathbf{A}} \to \underline{\mathbf{C}}$ wegen $(id_{A'}, g) \circ (f, id_B) = (f, g) = (f, id_{B'} \circ (id_A, g)$ erfüllt. Andererseits erhält man für derartige Familien mit $F(A, B) = G_A(B) = H_B(A)$ und $F(f, g) = G_{A'}(g) \circ H_B(f) = H_{B'}(f) \circ G_A(g)$ einen Funktor $F\colon \underline{\mathbf{A}} \times \underline{\mathbf{B}} \to \underline{\mathbf{C}}$.

2.2.2 Spezielle Funktoren

Beispiele 2.24 (für Inklusionsfunktoren) Alle Einbettungen von Unterkategorien in die sie umfassenden Kategorien aus den Beispielen 2.2 stellen Funktoren dar:

- $I\colon \underline{\mathbf{O}} \to \underline{\mathbf{M}}, \quad I\colon \underline{\mathbf{O}} \to \underline{\mathbf{PO}}, \quad I\colon \underline{\mathbf{V}} \to \underline{\mathbf{O}},$
- $I\colon \underline{\mathbf{H}} \to \underline{\mathbf{V}}, \quad I\colon \underline{\mathbf{B}} \to \underline{\mathbf{H}}, \quad I\colon \underline{\mathbf{VV}} \to \underline{\mathbf{O}},$
- $I\colon \underline{\mathbf{HG}} \to \underline{\mathbf{G}}, \quad I\colon \underline{\mathbf{AHG}} \to \underline{\mathbf{AG}}, \quad I\colon \underline{\mathbf{AG}} \to \underline{\mathbf{G}},$
- $I\colon \underline{\mathbf{IR}} \to \underline{\mathbf{R}}, \quad I\colon \underline{\mathbf{K}} \to \underline{\mathbf{R}}, \quad I\colon \underline{\mathbf{IR}} \to \underline{\mathbf{K}},$
- $I\colon \underline{\mathbf{Mod}}_A \to M,$
- $I\colon \underline{\mathbf{Top}} \to \underline{\mathbf{M}}, I\colon \underline{\mathbf{MR}} \to \underline{\mathbf{Top}}, I\colon \underline{\mathbf{VMR}} \to \underline{\mathbf{MR}}.$

Sie werden mitunter auch „Vergissfunktoren“ genannt, weil sie Teile der Struktur strukturierter Mengen „vergessen“, indem sie die jeweilige Struktur der Menge auf eine „ärmere“ Struktur vergessen (oder wie im 5. Punkt die Struktur komplett vergessen).

Definition 2.41 (Treue Funktoren) Ein Funktor $F\colon \underline{\mathbf{A}} \to \underline{\mathbf{B}}$ heißt *treu*, wenn für alle $A, B \in \underline{\mathbf{A}}$ und alle Morphismen $f, g \in \underline{\mathbf{A}}(A, B)$ aus $F(f) = F(g)$ folgt, dass $f = g$ gilt. Das ist genau dann der Fall, wenn jede durch $f \mapsto F(f)$ definierte Abbildung $\underline{\mathbf{A}}(A, B) \to \underline{\mathbf{B}}(F(A), F(B))$ injektiv ist.

Definition 2.42 (Volle Funktoren) Ein Funktor $F : \underline{\boldsymbol{A}} \to \underline{\boldsymbol{B}}$ heißt *voll*, wenn für alle $A, B \in \underline{\boldsymbol{A}}$ und alle Morphismen $g \in \underline{\boldsymbol{B}}(F(A), F(B))$ ein Morphismus $f : A \to B$ mit $F(f) = g$ existiert. Das ist genau dann der Fall, wenn jede durch $f \mapsto F(f)$ definierte Abbildung $\underline{\boldsymbol{A}}(A, B) \to \underline{\boldsymbol{B}}(F(A), F(B))$ surjektiv ist.

Definition 2.43 (Volltreue Funktoren) Ein Funktor $F : \underline{\boldsymbol{A}} \to \underline{\boldsymbol{B}}$ heißt *volltreu*, wenn er *voll* und *treu* ist. Das ist genau dann der Fall, wenn jede durch $f \mapsto F(f)$ definierte Abbildung $\underline{\boldsymbol{A}}(A, B) \to \underline{\boldsymbol{B}}(F(A), F(B))$ bijektiv ist.

Beispiel 2.14 „Vergissfunktoren" (s. Beispiele 2.24) sind treu, aber in der Regel (z. B. $I : \underline{\boldsymbol{Mod}}_A \to \underline{\boldsymbol{M}}$) nicht voll; Ausnahme z. B. der Inklusionsfunktor $I : \underline{\boldsymbol{AG}} \to \underline{\boldsymbol{G}}$.

Definition 2.44 (Repräsentative Funktoren) Ein Funktor $F : \underline{\boldsymbol{A}} \to \underline{\boldsymbol{B}}$ heißt *repräsentativ*, wenn es zu jedem $B \in Ob(\underline{\boldsymbol{B}})$ ein $A \in Ob(\underline{\boldsymbol{A}})$ mit $B \cong F(A)$ gibt.

Definition 2.45 (Kontra- und kovariante Funktoren)

- Ein Funktor $F : \underline{\boldsymbol{A}} \to \underline{\boldsymbol{B}}$ heißt *kovariant*, wenn er die Richtungen der Morphismen beibehält, d. h., wenn er $f : A \to B$ auf $F(f) : F(A) \to F(B)$ abbildet.
- Er heißt *kontravariant*, wenn er die Richtungen der Morphismen umdreht, d. h., wenn er $f : A \to B$ auf $F(f) : F(B) \to F(A)$ abbildet.

Beispiele 2.25 (für kontravariante Funktoren)

- Der *Potenzmengenfunktor* $P : \underline{\boldsymbol{M}} \to \underline{\boldsymbol{M}}$ ist definiert durch
$$P(A) = \mathscr{P}(A) = \{U \mid U \subset A\}$$
für eine Menge A und
$$P(f) : \mathscr{P}B \to \mathscr{P}A \text{ mit } P(f) = f^{-1}[U] \subset A$$
für eine Abbildung $f : A \to B$ und eine Teilmenge $U \subset B$.
P ist ein Funktor, denn für Abbildungen $f : A \to B$ und $g : B \to C$ gelten $f^{-1}[B] = A$ und $f^{-1}[[g^{-1}[V]] = (f^{-1} \circ g^{-1})[V]$ für $V \subset C$, d. h., $P(gf) = P(f) \circ P(g)$.
- Die Zuordnung des dualen Vektorraums zu einem Vektorraum V über einem Körper K liefert einen kontravarianten Funktor $\underline{\boldsymbol{Vekt}}_K \to \underline{\boldsymbol{Vekt}}_K$.
- Sei $(X, \mathscr{O}_X)$ ein topologischer Raum ($\mathscr{O}_X$ die Menge der offenen Mengen in X). $\mathscr{O}_X$ kann als Kategorie aufgefasst werden: Ihre Objekte sind die offenen Mengen von X und ihre Morphismen sind die Teilmengenbeziehungen $U \subset V$ für U, $V \in \mathscr{O}_X$.
Dann ist $C(-, \mathbb{R})$ ein Funktor $\mathscr{O}_X \to \underline{\boldsymbol{M}}$, definiert durch
$$C(U, \mathbb{R}) = \{ f : U \to \mathbb{R} \mid f \text{ stetig} \} \text{ für } U \in \mathscr{O}_X,$$
und $C(i_V^U, \mathbb{R}) : C(V, \mathbb{R}) \to C(U, \mathbb{R})$ für die Inklusion $i_V^U : U \hookrightarrow V$, definiert durch

$$C(i_V^U)(f) = f|U \text{ (Einschränkung von } f \text{ auf } U).$$

Derartige Funktoren $\mathcal{O}_X \to \underline{\boldsymbol{M}}$ heißen *Prägarben* (hier: die Prägarbe der stetigen Funktionen auf X).

Im Grunde ist dieses Beispiel – genauso wie der Potenzmengenfunktor – ein Spezialfall des kontravarianten Funktors $\underline{\mathbf{A}}(-, A) = \underline{\mathbf{A}}^{op}(A, -) \colon \underline{\mathbf{A}}^{op} \to \underline{\boldsymbol{M}}$.

Die Morphismenmengen liefern weitere Beispiele für solche Funktoren:

Definition 2.46 (Kovariante Morphismenfunktoren) Für jedes Objekt A in einer Kategorie $\underline{\mathbf{A}}$ definieren wir einen Funktor $\underline{\mathbf{A}}(-, A) \colon \underline{\mathbf{A}} \to \underline{\boldsymbol{M}}$ durch

- $\underline{\mathbf{A}}(A, -)(B) = \underline{\mathbf{A}}(A, B)$ für $B \in Ob(\underline{\mathbf{A}})$ und

für einen Morphismus $f \in \underline{\mathbf{A}}(B, C)$ durch

- $\underline{\mathbf{A}}(A, -)(f) = \underline{\mathbf{A}}(A, f)$ mit $\underline{\mathbf{A}}(A, f)(g) = A \xrightarrow{g} B \xrightarrow{f} C = f \circ g \in \underline{\mathbf{A}}(A, C)$ für $g \in \underline{\mathbf{A}}(A, B)$.

Dass $\underline{\mathbf{A}}(A, -)$ ein Funktor ist, folgt unmittelbar aus den Eigenschaften von Morphismen in der Definition 2.1 von Kategorien.

Definition 2.47 (Kontravariante Morphismenfunktoren) Für jedes Objekt A in einer Kategorie $\underline{\mathbf{A}}$ definieren wir einen Funktor $\underline{\mathbf{A}}(-, A) \colon \underline{\mathbf{A}} \to \underline{\boldsymbol{M}}$ durch

- $\underline{\mathbf{A}}(-, A)(B) = \underline{\mathbf{A}}(B, A)$ für B in $\underline{\mathbf{A}}$ und

für einen Morphismus $f \colon B \to C$ in $\underline{\mathbf{A}}$ durch

- $\underline{\mathbf{A}}(-, A)(f) = \underline{\mathbf{A}}(f, A)$ mit $\underline{\mathbf{A}}(f, A)(g) = A \xrightarrow{g} C \xrightarrow{g} C = g \circ f \in \underline{\mathbf{A}}(C, A)$ für $g \in \underline{\mathbf{A}}(A, B)$.

Dieser Funktor ist im Unterschied zu dem vorigen Fall *kontravariant,* weil er die Richtungen der Morphismen „umdreht".

Definition 2.48 (Separator) Ein Objekt S einer Kategorie $\underline{\mathbf{A}}$ ist ein *Separator*, wenn es für je zwei Objekte A und B in $\underline{\mathbf{A}}$ und je zwei Morphismen $f \colon A \to B$ und $g \colon A \to B$ mit $f \neq g$ einen Morphismus $h \colon S \to A$ mit $f \circ h \neq g \circ h$ gibt.

Das ist äquivalent dazu, dass für alle Morphismen $f \colon A \to B$, $g \colon A \to B$ und $h \colon S \to A$ aus $f \circ h = g \circ h$ folgt, dass $f = g$ gilt.

Separatoren werden mitunter auch als *Generatoren* bezeichnet.

Definition 2.49 (Koseparator) Dual zu der vorigen Definition 2.48.

Beispiele 2.26 (für Separatoren und Koseparatoren)

- In der Kategorie $\underline{\boldsymbol{M}}$ der Mengen ist die Menge $\mathbf{1}$ ein Separator: Wenn $f\colon A \to A_1$ und $g\colon A \to A_1$ Morphismen mit $f \neq g$ sind, gibt es ein $x \in A$ mit $f(x) \neq g(x)$. Für $h\colon \mathbf{1} \to A$ mit $h(\mathbf{0}) = x$ gilt dann $(f \circ h)(\mathbf{0}) = f(x) \neq g(x) = (g \circ h)(\mathbf{0})$, also $f \circ h \neq g \circ h$.
- In der Kategorie $\underline{\boldsymbol{M}}$ der Mengen ist jede Menge M mit mindestens zwei Elementen ein Koseparator: Wenn $f\colon A \to A_1$ und $g\colon A \to A_1$ Abbildungen mit $f \neq g$ sind, gibt es ein $x \in A$ mit $f(x) \neq g(x)$. Sei $h\colon M \to A$ eine Abbildung mit $h(f(x)) \neq h(g(x))$, also $h \circ f \neq h \circ g$.

2.2.3 „Morphismen" zwischen Funktoren

Definition 2.50 (Natürliche Transformationen) Für Kategorien A und B und Funktoren $F\colon \underline{\boldsymbol{A}} \to \underline{\boldsymbol{B}}$ und $G\colon \underline{\boldsymbol{A}} \to \underline{\boldsymbol{B}}$ heißt eine Klasse von Morphismen

$$\varphi = \{\varphi_A \in \underline{\boldsymbol{B}}(F(A), G(A)) \mid A \in \underline{\boldsymbol{A}}\}$$

natürliche Transformation von F nach G, wenn $G(f) \circ \varphi_A = \varphi_B \circ F(f)$ für je zwei Objekte A und B in $\underline{\boldsymbol{A}}$ und jeden Morphismus $f\colon A \to B$ gilt:

$$\begin{array}{ccc} F(A) & \xrightarrow{\varphi_A} & G(A) \\ {\scriptstyle F(f)}\downarrow & & \downarrow{\scriptstyle G(f)} \\ F(B) & \xrightarrow{\varphi_B} & G(B) \end{array}$$

Wir bezeichnen die Klasse der natürlichen Transformationen von F nach G mit $Nat(F, G)$.

Satz 2.40 (Identitätstransformation) *Für jede Kategorie* $\underline{\boldsymbol{A}}$ *ist* $\iota_A = \{id_A \mid A \in Ob(\underline{\boldsymbol{A}})\}$ *eine natürliche Transformation* $\iota_A\colon Id_{\underline{\boldsymbol{A}}} \to Id_{\underline{\boldsymbol{A}}}$ *– die Identitätstransformation.*

Beweis Trivial.

Satz 2.41 (Komposition natürlicher Transformationen) *Seien* $\underline{\boldsymbol{A}}$ *und* $\underline{\boldsymbol{B}}$ *Kategorien,* F, G *und* $H\colon \underline{\boldsymbol{A}} \to \underline{\boldsymbol{B}}$ *Funktoren und* $\varphi\colon F \to G$ *und* $\psi\colon G \to H$ *natürliche Transformationen. Dann ist auch die Komposition* $\psi \circ \varphi\colon F \to H$*, definiert durch*

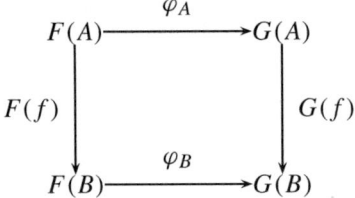

$$\psi \circ \varphi = \{ \psi_A \circ \varphi_A \in \underline{A}(F(A), H(A)) \mid A \in \underline{A} \},$$

eine natürliche Transformation.

Diese Komposition ist assoziativ, und die Identitätstransformation ist neutral für sie.

Beweis Einfache Folgerung aus der Assoziativität der Morphismenkomposition und der Neutralität des identischen Morphismus.

Beispiele 2.27 (Beispiele natürlicher Transformationen)

- Für jede Kategorie $\underline{\boldsymbol{A}}$ ist die Identitätstransformation $\iota_{\underline{A}} : \underline{A} \to \underline{A}$ eine natürliche Transformation.
- $\eta_M : \underline{\boldsymbol{M}}(-, \mathbf{2}) \to P$ für den Potenzmengenfunktor P (s. Beispiele 2.25), definiert durch $\eta_M(f) = f^{-1}[\mathbf{1}]$, ist eine natürliche Transformation.
- Für jede Menge A ist die *Auswertungstransformation* $\varepsilon : (- \times A) \circ \underline{\boldsymbol{M}}(A, -) \to id_{\underline{M}}$ eine natürliche Transformation. Die Morphismen $\varepsilon_B : (- \times A \circ \underline{\boldsymbol{M}}(A, B) \to B$ sind mit der üblichen Schreibweise B^A für $\underline{\boldsymbol{M}}(A, B)$ durch $\varepsilon_B(f, a) = f(a)$ für $f \in B^A$ und $a \in A$ gegeben.
- Für jeden Funktor $F : \underline{\boldsymbol{A}} \to \underline{\boldsymbol{B}}$ ist die Identität $\iota_F = \{ id_{F(A)} \mid A \in \underline{\boldsymbol{A}} \}$ eine natürliche Transformation.
- Viele weitere Beispiele sind durch die *Einheiten* und *Koeinheiten* bei adjungierten Funktoren gegeben – das wird im nächsten Kapitel ausführlich erläutert.

Definition 2.51 (Natürliche Isomorphismen) Seien F und G Funktoren von $\underline{\boldsymbol{A}}$ nach $\underline{\boldsymbol{B}}$. Dann heißt eine natürliche Transformation $\varphi : F \to G$ von $F : \underline{\boldsymbol{A}} \to \underline{\boldsymbol{B}}$ nach $G : \underline{\boldsymbol{A}} \to \underline{\boldsymbol{B}}$ *natürlicher Isomorphismus,* wenn alle Morphismen $\varphi_A : F(A) \to G(A)$ Isomorphismen sind. In diesem Fall heißen F und G *natürlich isomorph* (Schreibweise: $F \cong G$).

Da dann alle diese Morphismen die Umkehrmorphismen

$$\varphi_A^{-1} : G(A) \to F(A)$$

mit $\varphi_A \circ \varphi_A^{-1} = id_{F(A)}$ und $\varphi_A^{-1} \circ \varphi_A = id_{G(A)}$ haben, ist die Klasse

$$\varphi^{-1} = \{ \varphi_A^{-1} \in \underline{A}(G(A), F(A)) \mid A \in \underline{A} \}$$

die zu φ inverse natürliche Transformation $\varphi^{-1} : G(A \to F(A)$.

Man könnte somit einen natürlichen Isomorphismus als eine natürliche Transformation $\varphi\colon F \to G$ definieren, zu der es eine *inverse Transformation* $\psi\colon G \to F$ gibt, also mit $\varphi \circ \psi = \iota_{\underline{\mathbf{A}}}$ und $\psi \circ \varphi = \iota_{\underline{\mathbf{B}}}$.

Definition 2.52 (Darstellbare Funktoren) Seien $\underline{\mathbf{A}}$ eine Kategorie, $\underline{\mathbf{M}}$ die Kategorie der Mengen und $F : \underline{\mathbf{A}} \to \underline{\mathbf{M}}$ ein kovarianter Funktor. F heißt *darstellbar,* wenn es ein Objekt A in $\underline{\mathbf{A}}$ und einen natürlichen Isomorphismus $\alpha : F \to \underline{\mathbf{A}}(A, -)$ gibt.

Definition 2.53 (Kodarstellbare Funktoren) Seien $\underline{\mathbf{A}}$ eine Kategorie, $\underline{\mathbf{M}}$ die Kategorie der Mengen und $F : \underline{\mathbf{A}}^{op} \to \underline{\mathbf{M}}$ ein kontravarianter Funktor. F heißt *kodarstellbar,* wenn es ein Objekt A in $\underline{\mathbf{A}}$ und einen natürlichen Isomorphismus $\alpha : F \to \underline{\mathbf{A}}(-, A)$ gibt.

Beispiel 2.15 (für einen darstellbaren Funktor) Der Vergissfunktor $I : \underline{\mathbf{G}} \to \underline{\mathbf{M}}$ ist darstellbar, denn für jede Gruppe G gilt $\underline{\mathbf{G}}(\mathbb{Z}, G) \cong G$.

Der Begriff „Isomorphie von Kategorien" taucht sehr selten auf; wichtiger ist der folgende:

Definition 2.54 (Äquivalenz von Kategorien) Zwei Kategorien $\underline{\mathbf{A}}$ und $\underline{\mathbf{B}}$ heißen *äquivalent,* wenn es Funktoren $F : \underline{\mathbf{A}} \to \underline{\mathbf{B}}$ und $G : \underline{\mathbf{B}} \to \underline{\mathbf{A}}$ und natürliche Isomorphismen $\eta\colon Id_{\underline{\mathbf{A}}} \to G \circ F$ und $\varepsilon\colon F \circ G \to Id_{\underline{\mathbf{B}}}$ gibt.

Satz 2.42 (Yoneda-Lemma) *Für jede Kategorie $\underline{\mathbf{A}}$, jedes Objekt A in $\underline{\mathbf{A}}$ und jeden mengenwertigen Funktor $F : \underline{\mathbf{A}} \to \underline{\mathbf{M}}$ existiert eine Bijektion $Nat(\underline{\mathbf{A}}(A, -), F) \cong F(A)$.*

Beweis Wir definieren $\rho_A : Nat(\underline{\mathbf{A}}(A, -), F) \to F(A)$ durch $\rho_A(\alpha) = \alpha_A(id_A)$ für eine natürliche Transformation $\alpha\colon \underline{\mathbf{A}}(A, -) \to F$ und $\sigma_A\colon F(A) \to Nat(\underline{\mathbf{A}}(A, -), F))$ durch $(\sigma_{AB}(x))(f) = (F(f))(x)$ für $x \in F(A)$ und $f : A \to B$.

Die Klasse $\{\, \sigma_{AB}(x) \mid B \in Ob(\underline{\mathbf{B}}) \,\}$ ist für jedes $x \in A$ eine natürliche Transformation:

$$\begin{array}{ccc}
\underline{\mathbf{A}}(A, B) & \xrightarrow{\sigma_{AB}(x)} & F(B) \\
{\scriptstyle \underline{\mathbf{A}}(A, f)}\big\downarrow & & \big\downarrow{\scriptstyle F(f)} \\
\underline{\mathbf{A}}(A, C) & \xrightarrow{\sigma_{AC}(x)} & F(C)
\end{array}$$

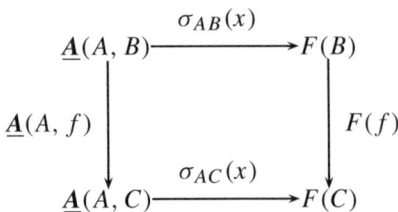

Für $f\colon B \to C$ gilt $((F(f) \circ \sigma_{AB})(x))(g) = (F(f))(\sigma AB(x))(g) = (F(f))((F(g))(x)) = F(f \circ g)(x) = (\sigma_{AC}(x))(f \circ g) = ((\sigma_{AC}(x)) \circ \underline{A}(A, f))(g)$ für alle $g \in \underline{A}(A, B)$.

σ_A ist invers zu ρ_A, denn für jedes $x \in F(A)$ gilt $\sigma_A(\rho_A(\alpha_A))(x) = F(\rho_A(\alpha_A))(x) = F(\alpha_A(id_A))(x) = F(id_A)(x) = x$ und $(\rho_A \circ \sigma_A)(x) = \rho_A(\sigma_A(x)) = (\sigma_A(x))(id_A) = x$; damit $\sigma_A \circ \rho_A = id_{Nat(\underline{A}(A,-),F)}$ und $\rho_A \circ \sigma_A = id_{F(A)}$.

Folglich ist auch ρ_A eine natürliche Transformation.

2.3 Funktorkategorien

Das Konzept der natürlichen Transformationen erlaubt uns die Konstruktion der

Definition 2.55 (Kategorie der Funktoren von $\underline{B}$ nach $\underline{A}$) Für je zwei Kategorien $\underline{B}$ und $\underline{A}$ hat die *Funktorkategorie* $\mathbf{Fun}(\underline{B}, \underline{A})$ als

- *Objekte* die *Funktoren* von $\underline{B}$ nach $\underline{A}$ und als
- *Morphismen* die *natürlichen Transformationen* $\alpha\colon F \to G$.

Wir bezeichnen sie mit $\underline{A}^{\underline{B}}$ und nennen sie *Potenzkategorie.*

Diese Kategorie spielt auf der Ebene der Kategorien die Rolle, die die Abbildungsmenge $\text{Abb}(B, A)$ für zwei Mengen A und B auf der Ebene der Mengen spielt.

Allerdings muss darauf hingewiesen werden, dass die Objekte von $A^{\underline{B}}$ im Allgemeinen keine Klasse, sondern ein *Konglomerat* (eine *„Superklasse"*) bilden.

Diese Einschränkung entfällt, wenn $\underline{B}$ *klein* ist (s. Definition 2.6).

Satz 2.43 *Wenn $\underline{B}$ eine* kleine *Kategorie ist, bilden die Objekte von $\underline{A}^{\underline{B}}$ eine Klasse, und $Nat(F, G)$ ist für je zwei Funktoren $F, G\colon \underline{A} \to \underline{B}$ eine Menge, kann also mit $\underline{A}^{\underline{B}}(F, G)$ bezeichnet werden.*

Beweis Für eine kleine Kategorie $\underline{B}$ bildet das Konglomerat der Objekte von $\underline{A}^{\underline{B}}$, also das der Funktoren $\{\, F\colon \underline{A} \to \underline{B} \,\}$, eine Klasse, weil es ein Teilkonglomerat des Produkts aus einer Klasse und einer Menge ist.

Natürliche Transformationen $\alpha\colon F \to G\colon \underline{B} \to \underline{A}$ sind wegen $\alpha = \{\, \alpha_B\colon F(B) \to G(B)\}$ Teilmengen der Menge $\bigcup_{B \in Ob(\underline{B})} \{\, \underline{A}(F(B), G(B)) \,\}$,

Nach dem Ersetzungsaxiom der Mengenlehre ist damit $\underline{A}^{\underline{B}} = \{\, \alpha \mid \alpha\colon F \to G \,\}$ eine Menge.

Lemma 2.16 (Isomorphie zwischen $\underline{A}^{\underline{0}}$ und $\underline{A}$) *Für jede Kategorie $\underline{A}$ gilt $\underline{A}^{\underline{0}} \cong \underline{1}$.*

Beweis $\underline{0}$ ist die *„leere Kategorie"* ohne Objekte, und deswegen gibt es genau einen Funktor von $\underline{0}$ nach $\underline{A}$: den *leeren Funktor.*

Lemma 2.17 (Isomorphie zwischen $\underline{\mathbf{A}}^{\underline{\mathbf{1}}}$ und $\underline{\mathbf{A}}$) *Für jede Kategorie A gibt es einen natürlichen Isomorphismus $\varphi_A : \underline{\mathbf{A}}^{\underline{\mathbf{1}}} \to \underline{\mathbf{A}}$.*

Beweis Sei φ_A durch $\varphi_A(F) = (F(\mathbf{0}))$ für $F : \underline{\mathbf{1}} \to \underline{\mathbf{A}}$ und $(\psi_A(A))(\mathbf{0}) = A$ für jedes Objekt $A \in Ob(\underline{\mathbf{A}})$ definiert.

$\varphi_{\underline{\mathbf{A}}}$ und $\psi_{\underline{\mathbf{A}}}$ sind trivialerweise natürliche Transformationen.

Es gilt $(\varphi_A \circ \psi_A)(A) = \varphi_A(\psi_A(A)) = ((\psi_A(A)))(\mathbf{0}), (\psi_A(A))(\mathbf{0})) = A$, also $\varphi_A \circ \psi_A = Id_{\underline{\mathbf{A}}}$, und $((\psi_A \circ \varphi_A)(F))(\mathbf{0}) = (\psi_A(\varphi_A(F))(\mathbf{0}) = (\psi_A(F(\mathbf{0}))(\mathbf{0}) = F(\mathbf{0})$, also auch $\psi_A \circ \varphi_A = Id_{\underline{\mathbf{A}}^{\underline{\mathbf{1}}}}$.

Lemma 2.18 (Isomorphie zwischen $\underline{\mathbf{A}}^{|\underline{2}|}$ und $\underline{\mathbf{A}} \times \underline{\mathbf{A}}$) *Für jede Kategorie A gibt es einen natürlichen Isomorphismus $\varphi_A : \underline{\mathbf{A}}^{|\underline{2}|} \to \underline{\mathbf{A}} \times \underline{\mathbf{A}}$.*

Beweis Seien φ_A durch $\varphi_A(F) = (F(\mathbf{0}), F(\mathbf{1}))$ für $F : |\underline{2}| \to \underline{\mathbf{A}}$ und $(\psi_A(A, B))(\mathbf{1}) = B$ für je zwei Objekte $A \in Ob(\underline{\mathbf{A}})$ und $B \in Ob(\underline{\mathbf{B}})$ definiert.

Dafür, dass φ_A und ψ_A natürliche Transformationen sind, ist nichts zu zeigen, weil es in $|\underline{2}|$ keine Morphismen außer den Identitäten gibt.

Es gilt $(\varphi_A \circ \psi_A)(A, B) = \varphi_A(\psi_A(A, B)) = ((\psi_A(A, B)))(\mathbf{0}), (\psi_A(A, B))(\mathbf{1})) = (A, B)$, also $\varphi_A \circ \psi_A = Id_{\underline{\mathbf{A}} \times \underline{\mathbf{A}}}$, und $((\psi_A \circ \varphi_A)(F))(\mathbf{0}) = (\psi_A(\varphi_A(F))(\mathbf{0}) = (\psi_A(F(\mathbf{0}), F(\mathbf{1})))(\mathbf{0}) = F(\mathbf{0})$ und Entsprechendes für $\mathbf{1}$, also auch $\psi_A \circ \varphi_A = Id_{\underline{\mathbf{A}}^{|\underline{2}|}}$.

Satz 2.44 (Auswertungsfunktor) *Für eine Kategorie $\underline{\mathbf{A}}$ und eine kleine Kategorie $\underline{\mathbf{B}}$ seien $E_{AB} : \underline{\mathbf{A}}^{\underline{\mathbf{B}}} \to \underline{\mathbf{A}}$ durch $E_{AB}(F, B) = F(B)$ für $F : A \to B$ und $B \in \underline{\mathbf{B}}$ und $E_{AB}(\alpha, f) = G(f) \circ \alpha_B = \alpha_{B'} \circ F(f) : F(B) \to G(B')$ für eine natürliche Transformation $\alpha \in \underline{\mathbf{A}}^{\underline{\mathbf{B}}}(F, G)$ und einen Morphismus $f \in \underline{\mathbf{B}}(B, B')$ definiert.*

Dann ist $E : \underline{\mathbf{A}}^{\underline{\mathbf{B}}} \to A$ ein Funktor (der „Auswertungsfunktor“) mit der folgenden kouniversellen Eigenschaft:

Für jede Kategorie $\underline{\mathbf{C}}$ und jeden Funktor $G : \underline{\mathbf{C}} \times \underline{\mathbf{B}} \to$ gibt es genau einen Funktor $\bar{G}$ mit $E_{AB} \circ (\bar{G} \times Id_{\underline{\mathbf{B}}}) = G$.

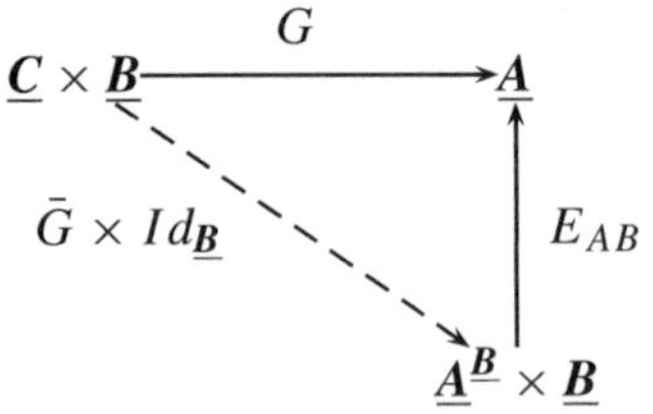

Beweis E_{AB} bewahrt Identitäten, denn $E_{AB}(\iota_{\underline{A}}, id_A) = F(id_A) \circ \iota_{FA} = id_{F(A)} \circ \iota_{FA} = id_{F(A)}$.

E_{AB} bewahrt auch Kompositionen, denn für $(F, A) \xrightarrow{(\alpha, f)} (G, A') \xrightarrow{(\beta, g)} (H, A'')$ gilt $E_{AB}((\beta, g) \circ (\alpha, f)) = E_{AB}(\beta \circ \alpha, g \circ f) = H(g \circ f) \circ (\beta \circ \alpha) = H(g) \circ (H(f) \circ \beta_A) \circ \alpha_A = H(g) \circ (\beta_A \circ G(f)) \circ \alpha_A = ((H(g) \circ \beta_{A'}) \circ (G(f) \circ \alpha_A) = E_{AB}(\beta, g) \circ E_{AB}(\alpha, f)$.

Damit ist E_{AB} ein Funktor.

Für $B \in Ob(\underline{\mathbf{B}})$ seien $(\bar{G}(C))(B) = G(C, B)$ und $\bar{G}(g)\colon (\bar{G}(C))(B) \to (\bar{G}(C'))(B)$ für einen Morphismus $g\colon C \to C'$ durch $\bar{G}(g)(B) = G(g, id_B)$ definiert.

Dann gilt $E_{AB} \circ (\bar{G} \times Id_{\underline{B}})(C, B) = E_{AB} \circ (\bar{G} \times Id_{\underline{B}})(C, B) = E_{AB}(\bar{G}(C), B) = (\bar{G}(C))(B) = G(C, B)$ für alle $B \in Ob(\underline{\mathbf{B}})$ und alle $C \in Ob(\underline{\mathbf{C}})$, d.h., $E_{AB} \circ (\bar{G} \times Id_{\underline{B}}) = G$.

Die Eindeutigkeit von G folgt analog zu den Überlegungen im Beweis von Satz 1.2.

Für jedes $h\colon B \to B'$ ist $\bar{G}(C)$ eine natürliche Transformation, denn für Morphismen $g\colon C \to C'$ und $h\colon B \to B'$ kommutiert das Diagramm

$$
\begin{array}{ccc}
(\bar{G}(C))(B) & \xrightarrow{(\bar{G}(g))(B)} & (\bar{G}(C'))(B) \\
{\scriptstyle (\bar{G}(C))(h)}\big\downarrow & & \big\downarrow{\scriptstyle (\bar{G}(C'))(h')} \\
(\bar{G}(C))(B') & \xrightarrow{(\bar{G}(g))(B')} & (\bar{G}(C'))(B')
\end{array}
$$

weil $G(C', h') \circ G(g, id_B) = G(g, id_{B'}) \circ G(C, h)$ im dazu äquivalenten Diagramm gilt.

Satz 2.45 (1. Exponentialgesetz für Funktoren) *Seien A und B Kategorien und C eine kleine Kategorie. Dann gilt* $\underline{\mathbf{A}}^{\underline{\mathbf{C}}} \times \underline{\mathbf{B}}^{\underline{\mathbf{C}}} \cong (\underline{\mathbf{A}} \times \underline{\mathbf{B}})^{\underline{\mathbf{C}}}$.

Beweis Sei $H\colon \underline{\mathbf{A}}^{\underline{\mathbf{C}}} \times \underline{\mathbf{B}}^{\underline{\mathbf{C}}} \to (\underline{\mathbf{A}} \times \underline{\mathbf{B}})^{\underline{\mathbf{C}}}$ durch $H(F, G) = (F, G)$ definiert, wobei $(F, G)\colon \underline{\mathbf{C}} \to \underline{\mathbf{A}} \times \underline{\mathbf{B}}$ der durch den Satz 2.37 eindeutig bestimmte Funktor ist, der das folgende Diagramm kommutativ macht:

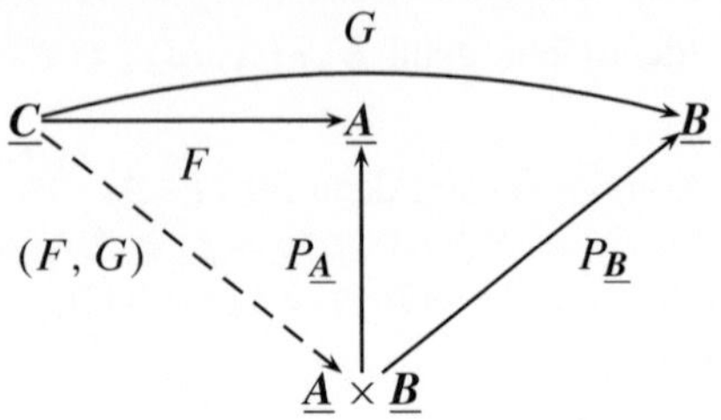

Sei $K\colon (\underline{\boldsymbol{A}}\times\underline{\boldsymbol{B}})^{\underline{\boldsymbol{C}}} \to \underline{\boldsymbol{A}}^{\underline{\boldsymbol{C}}}\times\underline{\boldsymbol{B}}^{\underline{\boldsymbol{C}}}$ durch $K(F)=(P_{\underline{\boldsymbol{A}}}\circ F, P_{\underline{\boldsymbol{B}}}\circ F)$ definiert. Dann gilt $(H\circ K)(F) = H(P_{\underline{\boldsymbol{A}}}\circ F, P_{\underline{\boldsymbol{B}}}\circ F) = (P_{\underline{\boldsymbol{A}}}\circ F, P_{\underline{\boldsymbol{B}}}\circ F) = F$, also $H\circ K = Id_{(\underline{\boldsymbol{A}}\times\underline{\boldsymbol{B}})^{\underline{\boldsymbol{C}}}}$, sowie $(K\circ H)(F,G) = K((F,G)) = H(P_{\underline{\boldsymbol{A}}}\circ(F,G), P_{\underline{\boldsymbol{B}}}\circ(F,G) = (F,G))$, also $K\circ H = id_{\underline{\boldsymbol{A}}^{\underline{\boldsymbol{C}}}\times\underline{\boldsymbol{B}}^{\underline{\boldsymbol{C}}}}$.

Damit ist K invers zu H.

Satz 2.46 (2. Exponentialgesetz für Funktoren) *Seien A eine Kategorie und B und C kleine Kategorien. Dann gilt* $\underline{\boldsymbol{A}}^{\underline{\boldsymbol{B}}^{\underline{\boldsymbol{C}}}} \cong \underline{\boldsymbol{A}}^{\underline{\boldsymbol{C}}\times\underline{\boldsymbol{B}}}$.

Beweis Wir definieren $H\colon (\underline{\boldsymbol{A}}^{\underline{\boldsymbol{B}}})^{\underline{\boldsymbol{C}}} \to \underline{\boldsymbol{A}}^{\underline{\boldsymbol{C}}\times\underline{\boldsymbol{B}}}$ durch $(H(F))(C,B) = (F(C))(B) \in Ob(\underline{\boldsymbol{A}})$ für $C\in Ob(\underline{\boldsymbol{C}})$ und $B\in Ob(\underline{\boldsymbol{B}})$ und $((H(F))(f,g) = (F(f))(g)$ für $(f,g)\colon (C,B)\to(C',B')$

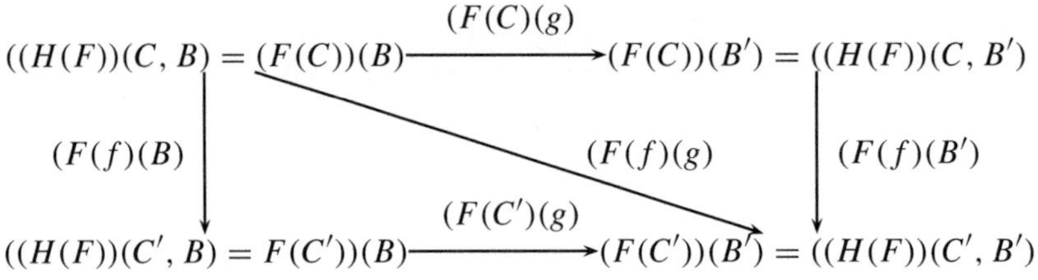

und $(H(\alpha)_{CB} = \alpha_{(C,B)}$ für $\alpha\colon F\to G$.

Diagrammjagden zeigen, dass H Identitäten und Kompositionen bewahrt und damit ein Funktor ist.

Wir definieren $K\colon \underline{\boldsymbol{A}}^{\underline{\boldsymbol{C}}\times\underline{\boldsymbol{B}}} \to (\underline{\boldsymbol{A}}^{\underline{\boldsymbol{B}}})^{\underline{\boldsymbol{C}}}$ durch $((K(F))(C))(B) = F(C,B)\in Ob(\underline{\boldsymbol{A}})$ und $((K(F))(f))(g) = F(f,g)$ für $(f,g)\colon (C,B)\to(C',B')$

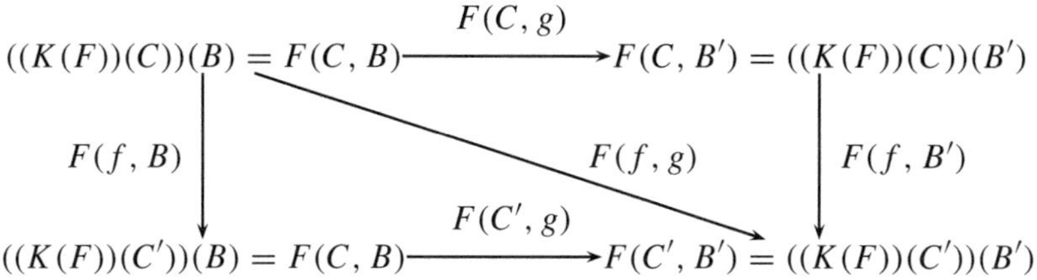
$F(C, g)$
$((K(F))(C))(B) = F(C, B)$
$F(C, B') = ((K(F))(C))(B')$
$F(f, B)$
$F(f, g)$
$F(f, B')$
$F(C', g)$
$((K(F))(C'))(B) = F(C, B)$
$F(C', B') = ((K(F))(C'))(B')$

und $K(\alpha)(C, B) = \alpha_{CB}$ für $\alpha\colon F \to G$.

Auch hier zeigt die Jagd durch Diagramme, dass K Identitäten und Kompositionen bewahrt, also auch ein Funktor ist.

Zu zeigen bleibt, dass K invers zu H ist.

Es gilt $((H \circ K)(G))(C, B) = (H(K(G))(C, B) = H(K(G))(C, B) = ((K(G))(C))(B) = G(C, B)$ für alle $C \in Ob(\underline{C})$ und $B \in Ob(\underline{B})$, und somit $H \circ K = Id_{\underline{A}^{\underline{B}\underline{C}}}$.

Umgekehrt gilt $(((K \circ H)(F))(C))(B) = (K(H(F))(C))(B) = (H(F))(C, B)$ für alle $C \in Ob(\underline{C})$ und $B \in Ob(\underline{B})$ und somit $K \circ H = Id_{\underline{A}^{\underline{B}\times\underline{C}}}$.

Definition 2.56 (Diagonalfunktor) Für eine Kategorie $\underline{A}$ und eine kleine Kategorie $\underline{B}$ sei der *Diagonalfunktor* $\Delta_{\underline{AB}}\colon \underline{A} \to \underline{A}^{\underline{B}}$ durch Anwendung des Satzes 2.44 für $\underline{C} = \underline{A}$ und $G = P_{\underline{A}}$ definiert.

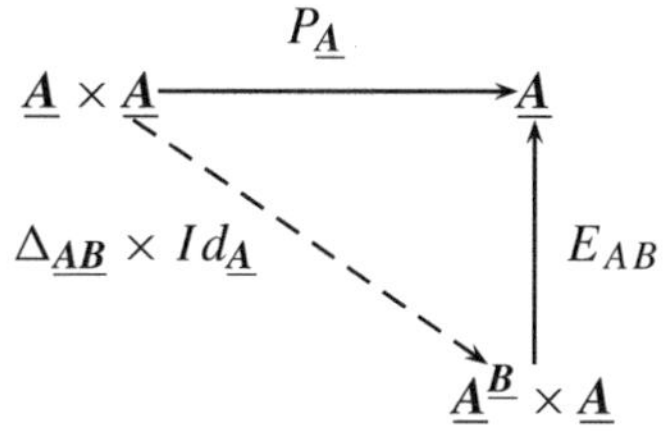
$P_{\underline{A}}$
$\underline{A} \times \underline{A}$
$\underline{A}$
$\Delta_{\underline{AB}} \times Id_{\underline{A}}$
E_{AB}
$\underline{A}^{\underline{B}} \times \underline{A}$

Dann gilt $(\Delta_{\underline{AB}}(A))(B) = A$ und $\Delta_{\underline{AB}} = Id_{\underline{A}^{\underline{B}}}$ für alle $A \in \underline{A}$, $B \in \underline{B}$ und $f\colon A \to B$.

Definition 2.57 Für Kategorien $\underline{A}$ und B, eine kleine Kategorie C und einen Funktor $F\colon \underline{A} \to \underline{B}$ sei $F^{\underline{C}}\colon \underline{A}^{\underline{C}} \to \underline{B}^{\underline{C}}$ durch Anwendung des Satzes 2.44 für $\underline{B} = \underline{A}^{\underline{C}}$ und $G = F \circ E_A B$ definiert.

Und hier zum Schluss noch ein Klimmzug in eine noch höhere Abstraktionsebene:

Definition 2.58 (Kategorie aller Kategorien) Ihre *Objekte* sind *Kategorien* und ihre *Morphismen* sind *Funktoren* (s. Sätze 2.34 und 2.35 und [5]).

Literatur

1. Agore, A.: A First Course in Category Theory. Springer, Berlin (2023) https://doi.org/10.1007/978-3-031-42899-9
2. Brandenburg, M.: Einführung in die Kategorientheorie. Springer Spektrum (2017) ISBN 978-3-662-53521-9
3. Herrlich, H., Strecker, G. E.: Category Theory. Heldermann-Verlag, Berlin (1979) https://doi.org/10.1007/978-1-4612-4962-7_2
4. Jost, J.: Kategorientheorie. Springer Spektrum, Berlin (2019) https://doi.org/10.1007/978-3-658-28312-4
5. Lawvere, F. W.: The Category of Categories as a Foundation for Mathematics. Proceedings on the Conference on Categorical Algebra La Jolla, S. 1–20 Springer, Berlin (1965) ISBN 978-3-642-99902-4
6. MacLane, S.: Kategorien. Springer, Berlin (1972) https://doi.org/10.1007/978-3-642-65296-7
7. Pareigis, B.: Kategorien und Funktoren. Vieweg+Teubner Verlag, Wiesbaden (1969) https://doi.org/10.1007/978-3-663-12190-9
8. Pumplün, D.: Elemente der Kategorientheorie. Spektrum Akademischer Verlag (1999) ISBN 978-3-86025676-3
9. Schubert, H.: Kategorien I. Springer, Berlin (1970) https://doi.org/10.1007/978-3-540-04665-7
10. Schubert, H.: Kategorien II. Springer, Berlin (1970) https://doi.org/10.1007/978-3-642-04866-4
11. Spivak, D. I.: Category Theory for the Sciences. MIT Press ISBN 978-0-2620-2813-4

Adjungierte Funktoren

3

Zusammenfassung

In diesem Kapitel zeigen wir, dass das gemeinsame Muster für die Konstruktionen aus dem ersten Kapitel zu gewissen Paaren von Funktoren zwischen zwei Kategorien führt, „adjungierten Funktoren". Wir entwickeln dieses Konzept und zeigen diverse Beispiele.

Wir greifen das gemeinsame Muster der Konstruktionen aus dem Abschn. 1.2 auf.

3.1 Adjungierte Funktoren und universelle Probleme

Mit der Entwicklung der Begriffe „Kategorie" und „Funktor" im vorigen Kapitel können wir die „Ixe" durch eine Kategorie $\underline{\boldsymbol{A}}$ und die „Ypsilons" durch eine Kategorie $\underline{\boldsymbol{B}}$ realisieren.

Dabei realisieren wir den dort postulierten Operator G von den Ypsilons zu den Ixen durch den Inklusionsfunktor $I : \underline{\boldsymbol{B}} \to \underline{\boldsymbol{A}}$ (s. Beispiele 2.2 und 2.24).

Der Satz 1.12 liest sich in dieser Realisierung damit wie folgt:

Satz 3.1 (Lösung eines universellen Problems) *Für jedes Objekt A in $\underline{\boldsymbol{A}}$ gibt es ein Objekt B_A in $\underline{\boldsymbol{B}}$ und einen Morphismus $\eta_A : A \to B_A$ derart, dass für jedes Objekt B in $\underline{\boldsymbol{B}}$ und jeden Morphismus $f : A \to B$ genau ein Morphismus $\bar{f} : B_A \to B$ mit $f = G(\bar{f}) \circ \eta_A$ existiert:*

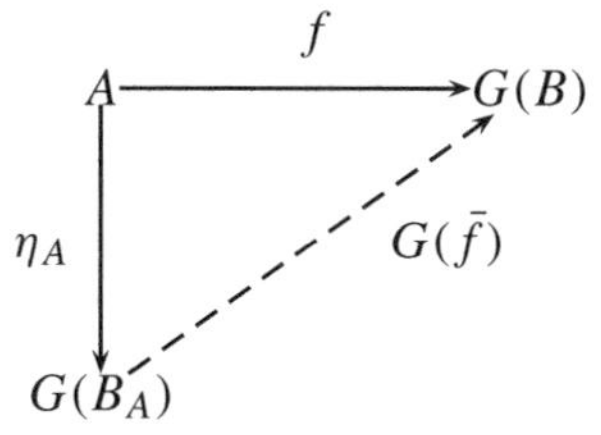

C. Maurer, *Grundzüge der Kategorientheorie*,
https://doi.org/10.1007/978-3-662-70987-0_3

Die „Übersetzung“ dieses Musters in die Sprache der Kategorientheorie liefert also den folgenden Satz:

Satz 3.2 (Universelle Konstruktionen liefern Funktoren) *Jede universelle Konstruktion wie im Satz 1.12 über die Konstruktion von Ypsilons aus Ixen definiert einen Funktor* $F : \underline{\mathbf{A}} \to \underline{\mathbf{B}}$.

Beweis Wir definieren $F(A) = B_A$ für A in $\underline{\mathbf{A}}$.

Für Objekte A, A' in $\underline{\mathbf{A}}$ und $f : A \to A'$ definieren wir $F(f) = \bar{f}$ für den eindeutig bestimmten Morphismus $\bar{f}$, der das folgende universelle Problem löst:

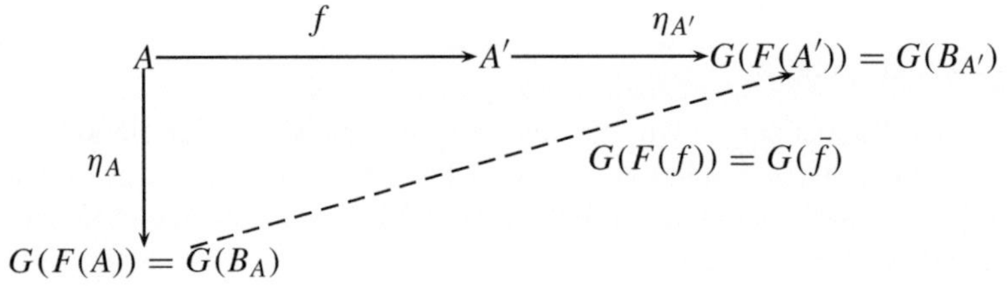

Für $A' = A$ in diesem Diagramm folgt $F(id_A) = \overline{id_A} = id_{F(A)}$ aus der Eindeutigkeit des Morphismus $F(A) \to F(A)$.

Für ein weiteres Objekt $A'' \in \underline{\mathbf{A}}$ und einen Morphismus $g: A' \to A''$ zeigt das folgende Diagramm aufgrund der Eindeutigkeit der Morphismen, die im Diagramm durch gestrichelte Pfeile dargestellt sind, dass $F(g \circ f) = F(g) \circ F(f)$ gilt und somit $F : \underline{\mathbf{A}} \to \underline{\mathbf{B}}$ ein Funktor ist, weil beide Bedingungen aus der Definition 2.38 erfüllt sind:

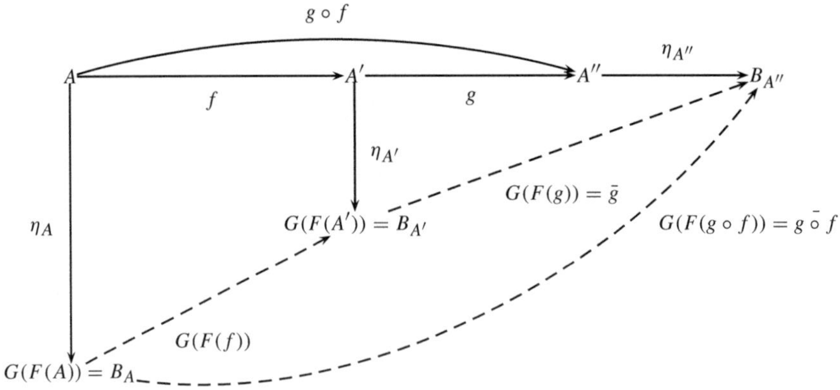

Dual zum Satz 3.1 liest sich der Satz 1.14 in unserer Realisierung wie folgt:

Satz 3.3 (Lösung eines kouniversellen Problems) *Für jedes Objekt* A *in* $\underline{\mathbf{A}}$ *gibt es ein Objekt* A_B *in* $\underline{\mathbf{A}}$ *und einen Morphismus* $\varepsilon_B : F(A_B) \to B$ *derart, dass für jedes Objekt* A *in* $\underline{\mathbf{A}}$ *und jeden Morphismus* $f : F(A) \to B$ *genau ein Morphismus* $\bar{f} : A \to A_B$ *mit* $\varepsilon_B \circ F(\bar{f}) = f$ *existiert:*

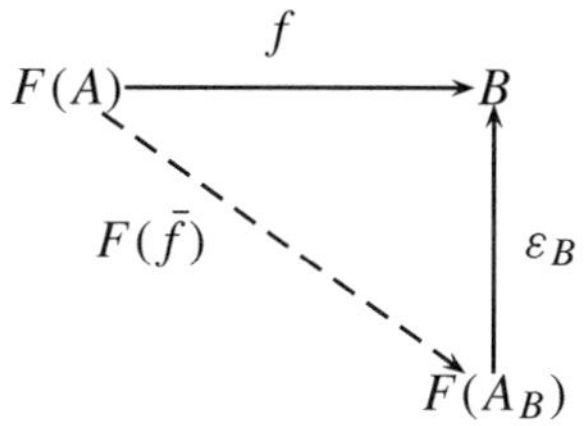

Per Dualisierung erhalten wir ein dem Satz 3.2 entsprechendes Ergebnis auch für *kouniverselle Konstruktionen* (s. Satz 1.10 und Satz 3.3):

Satz 3.4 (Kouniverselle Konstruktionen liefern Funktoren) *Jede kouniverselle Konstruktion wie im Satz 1.14 über die Konstruktion von Ypsilons aus Ixen definiert einen Funktor* $G\colon \underline{\boldsymbol{A}} \to \underline{\boldsymbol{B}}$.

3.2 Adjungierte Funktoren

Wir entwickeln jetzt das Konzept, das das gemeinsame Muster auffängt. Der grundlegende Begriff ist die folgende Beziehung zwischen Funktoren:

Definition 3.1 (Adjungierte Funktoren) Seien $\underline{\boldsymbol{A}}$ und $\underline{\boldsymbol{B}}$ Kategorien und $F\colon \underline{\boldsymbol{A}} \to \underline{\boldsymbol{B}}$ und $G\colon \underline{\boldsymbol{B}} \to \underline{\boldsymbol{A}}$ Funktoren. Dann heißen F *linksadjungiert zu* G und G *rechtsadjungiert zu* F (Schreibweise $F \dashv G$), wenn es für je zwei Objekte A in $\underline{\boldsymbol{A}}$ und B in $\underline{\boldsymbol{B}}$ einen natürlichen Isomorphismus $\varphi_{AB}\colon \underline{\boldsymbol{A}}(A, G(B)) \to \underline{\boldsymbol{B}}(F(B), A)$ gibt.

Eine solche Situation wird als *Adjunktion* bezeichnet.

Satz 3.5 (Universelle Probleme liefern Adjunktionen) *Jeder gemäß Satz 3.2 durch die Lösung eines universellen Problems definierte Funktor* $F\colon \underline{\boldsymbol{A}} \to \underline{\boldsymbol{B}}$ *ist ein linksadjungierter zu einem Funktor* $G\colon \underline{\boldsymbol{B}} \to \underline{\boldsymbol{A}}$, *denn für alle* $A \in Ob(\underline{\boldsymbol{A}})$ *und* $B \in Ob(\underline{\boldsymbol{B}})$ *gibt es einen natürlichen Isomorphismus* $\varphi_{AB}\colon \underline{\boldsymbol{A}}(A, G(B)) \to \underline{\boldsymbol{B}}(F(A), B)$.

Beweis Wir definieren φ_{AB} durch $\varphi_{AB}(f) = \bar{f}$ für $f\colon A \to G(B)$, wobei $\bar{f}\colon \to F(A)B$ der eindeutig bestimmte Morphismus aus Satz 3.2 ist, und $\psi_{AB}\colon \to \underline{\boldsymbol{B}}(F(A), B)\underline{\boldsymbol{A}}(A, G(B))$ durch $\psi_{AB}(g) = G(g) \circ \eta_A\colon A \to G(B)$ für $g\colon F(A) \to B$.

Wir zeigen jetzt, dass ψ_{AB} invers zu φ_{AB} ist:

Aus $f = \psi_{AB}(g)$ folgt $\bar{f} = g$ aufgrund der Eindeutigkeitsaussage im Satz 3.1. Und aus $\bar{f} = g$ folgt $f = G(\bar{f}) \circ \eta_A = G(g) \circ \eta_A = \psi_{AB}(g)$; also gilt $\psi_{AB}(g) = f$ genau dann, wenn $g = \bar{f} = \varphi_{AB}(f)$.

Folglich haben wir $\psi_{AB}(\varphi_{AB}(f)) = \psi_{AB}(\bar{f}) = G(\bar{f}) \circ \eta_A = f$ und $\varphi_{AB}(\psi_{AB}(g)) = \varphi_{AB}(G(g) \circ \eta_A) = \overline{G(g) \circ \eta_A} = \bar{f} = g$ für alle $f\colon A \to G(B)$ und $g\colon F(A) \to B$, und somit $\varphi_{AB} \circ \psi_{AB} = id_{\underline{\boldsymbol{B}}(F(A),B)}$ und $\psi_{AB} \circ \varphi_{AB} = id_{\underline{\boldsymbol{A}}(A,G(B))}$.

Zu zeigen bleibt die Natürlichkeit von φ_{AB} und ψ_{AB}.

Das Diagramm

$$\begin{array}{ccc} \underline{\mathbf{A}}(A', G(B)) & \xrightarrow{\varphi_{A'B}} & \underline{\mathbf{B}}(F(A'), B) \\ {\scriptstyle \underline{\mathbf{A}}(f, G(B))} \downarrow & & \downarrow {\scriptstyle \underline{\mathbf{B}}(F(f), B)} \\ \underline{\mathbf{A}}(A, G(B)) & \xrightarrow{\varphi_{AB}} & \underline{\mathbf{B}}(F(A), B) \end{array}$$

ist kommutativ, denn $(\underline{\mathbf{B}}(F(f), B) \circ \varphi_{A'B})(h) = \underline{\mathbf{B}}(F(f), B)(F(h)) = F(h) \circ F(f) = F(h \circ f) = \varphi_{AB}(h \circ f) = \varphi_{AB} \circ \underline{\mathbf{A}}(f, G(B))(h)$ für $h \in \underline{\mathbf{A}}(A', G(B))$.

Auch das Diagramm

$$\begin{array}{ccc} \underline{\mathbf{B}}(F(A), B) & \xrightarrow{\psi_{AB}} & \underline{\mathbf{A}}(A, G(B)) \\ {\scriptstyle \underline{\mathbf{B}}(F(A), g)} \downarrow & & \downarrow {\scriptstyle \underline{\mathbf{A}}(A, G(g))} \\ \underline{\mathbf{B}}(F(A), B') & \xrightarrow{\psi_{A'B}} & \underline{\mathbf{A}}(A, G(B')) \end{array}$$

ist kommutativ, denn $(\underline{\mathbf{A}}(A, G(g) \circ \psi_{AB})(h) = \underline{\mathbf{A}}(A, G(g))(G(h) \circ \eta_A) = G(g) \circ G(h) \circ \eta_A = G(g \circ h) \circ \eta_A = \psi_{A'B}(h \circ g) = (\psi_{A'B} \circ \underline{\mathbf{B}}(F(A), g)(h)$ für $h \in \underline{\mathbf{B}}(F(A), B)$.

Korollar 3.1 (über die Existenz von Linksadjungierten) *Seien $\underline{\mathbf{A}}$ und $\underline{\mathbf{B}}$ Kategorien und $G \colon \underline{\mathbf{B}} \to \underline{\mathbf{A}}$ ein Funktor. Dann sind folgende Bedingungen äquivalent:*

a) *Es gibt einen zu G linksadjungierten Funktor $F \colon \underline{\mathbf{A}} \to \underline{\mathbf{B}}$.*
b) *Es gibt für jedes Objekt A in $\underline{\mathbf{A}}$ ein Objekt B_A und einen Morphismus $\eta_A \colon A \to G(B_A)$ derart, dass für jedes Objekt B in $\underline{\mathbf{B}}$ und für jeden Morphismus $f \colon A \to G(B)$ genau ein Morphismus $\bar{f} \colon B_A \to B$*

$$\begin{array}{ccc} A & \xrightarrow{f} & G(B) \\ {\scriptstyle \eta_A} \downarrow & \nearrow {\scriptstyle G(\bar{f})} & \\ G(B_A) & & \end{array}$$

mit $G(\bar{f}) \circ \eta_A = f$ existiert.

Beweis Beides folgt unmittelbar aus den Sätzen 3.2 und 3.5.

Dual zum Satz 3.5 gilt:

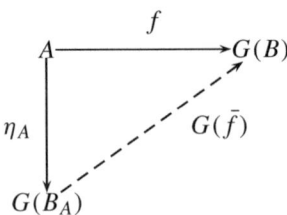

Satz 3.6 (Kouniverselle Probleme liefern Adjunktionen) *Jeder gemäß Satz 3.4 durch die Lösung eines kouniversellen Problems definierte Funktor* $G\colon \underline{\boldsymbol{B}} \to \underline{\boldsymbol{A}}$ *ist ein rechtsadjungierter zu einem Funktor* $F\colon \underline{\boldsymbol{A}} \to \underline{\boldsymbol{B}}$*, denn für alle* $A \in Ob(\underline{\boldsymbol{A}})$ *und alle* $B \in Ob(\underline{\boldsymbol{B}})$ *gibt es einen natürlichen Isomorphismus* $\varphi_{AB}\colon \underline{\boldsymbol{B}}(F(A), B) \to \underline{\boldsymbol{A}}(A, G(B))$.

Beweis Dual zum Beweis des Satzes 3.5.

Auch die Umkehrungen der Sätze 3.5 und 3.6 sind richtig:

Satz 3.7 (Adjunktionen definieren Lösungen universeller Probleme) *Jedes Paar adjungierter Funktoren* $F\colon \underline{\boldsymbol{A}} \to \underline{\boldsymbol{B}}$ *und* $G\colon \underline{\boldsymbol{B}} \to \underline{\boldsymbol{A}}$ *mit* $F \dashv G$ *definiert eine Lösung eines universellen Problems.*

Beweis Für $f\colon A \to G(B)$ ist $\bar{f}$ mit $G(\bar{f}) \circ \eta_A = f$ durch $\varphi_{AB}(f)$ gegeben, wobei φ die natürliche Isomorphie aus dem Satz 3.5 ist:

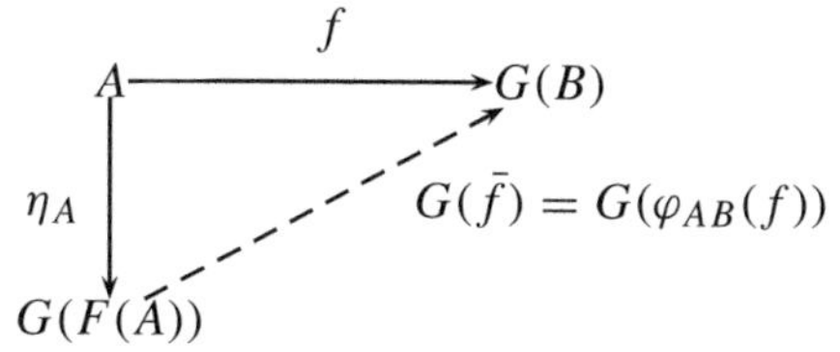

Per Dualisierung erhält man den Satz:

Satz 3.8 (Adjunktionen definieren Lösungen kouniverseller Probleme) *Jedes Paar adjungierter Funktoren* $F\colon \underline{\boldsymbol{A}} \to \underline{\boldsymbol{B}}$ *und* $G\colon \underline{\boldsymbol{B}} \to \underline{\boldsymbol{A}}$ *mit* $F \dashv G$ *definiert eine Lösung eines kouniversellen Problems.*

Beweis Für $f\colon F(A \to B$ ist $\bar{f}$ mit $\varepsilon_B \circ F(\bar{f}) = f$ durch $\psi_{AB}(f)$ gegeben, wobei ψ die natürliche Isomorphie aus dem Satz 3.5 ist:

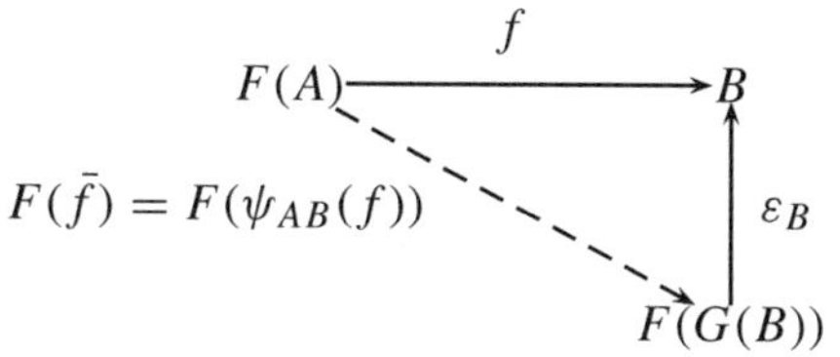

Damit sind die Lösungen universeller und kouniverseller Probleme eindeutig durch die Existenz einer Adjunktion beschrieben.

Beispiele 3.1 (für adjungierte Funktoren)

1) $\underline{\mathbf{PO}}(A, G(B)) \cong \underline{\mathbf{O}}(O(A), B)$ (s. Satz 3.5 über die Konstruktion von Ordnungen aus Präordnungen im Buch über die Zahlenbereiche),
2) $\underline{\mathbf{O}}(A, G(V)) \cong \underline{\mathbf{VV}}(V(A), B)$ (s. Vervollständigungssatz 1.3 von Dedekind-McNeille in diesem Buch),
3) $\underline{\mathbf{AHG}}(H, I(G)) \cong \underline{\mathbf{AG}}(G(H), G)$ (s. Satz 1.4 über die universelle Erweiterung einer abelschen Halbgruppe in diesem Buch),
4) $\underline{\mathbf{G}}(G, I(H)) \cong \underline{\mathbf{AG}}(A(G), H)$ (s. Satz 1.5 über die Konstruktion einer abelschen Gruppe aus einer Gruppe in diesem Buch),
5) $\underline{\mathbf{IR}}(A, I(K)) \cong \underline{\mathbf{K}}(Q(A), K)$ (s. Satz 8.37 über die universelle Einbettung in Quotientenkörper in diesem Buch),
6) $\underline{\mathbf{R}}(A, B) \cong \underline{\mathbf{R}}(A[X], B)$ (s. Satz 8.71 über die universelle Eigenschaft von Polynomringen in diesem Buch),
7) $\underline{\mathbf{M}}(X, I(M)) \cong \underline{\mathbf{Mod}}_A(F_A(X), M)$ (s. Satz 9.46 über lineare Fortsetzungen in diesem Buch),
8) $\underline{\mathbf{MR}}(M, I(X)) \cong \underline{\mathbf{VMR}}(V(M), X)$ (s. Satz 1.8 über die Vervollständigung metrischer Räume) und
9) $\underline{\mathbf{Mod}}_A(E \otimes_A F, G) \cong \underline{\mathbf{Mod}}_A(E, \underline{\mathbf{Mod}}_A(F, G))$, definiert durch $\varphi\colon \underline{\mathbf{Mod}}_A(E \otimes_A -, =) \to \underline{\mathbf{Mod}}_A(E, \underline{\mathbf{Mod}}_A(-, =))$ mit $(\varphi(f)(x))(y) = f(x \otimes y)$ und Umkehrung ψ mit $(\psi(g))(x \otimes y) = f(x \otimes y)$.

3.2.1 Eigenschaften adjungierter Funktoren

Definition 3.2 (Einheiten und Koeinheiten) Die bei einer Adjunktion $F \dashv G\colon \underline{\mathbf{B}} \to \underline{\mathbf{A}}$ im Satz 3.1 definierten Morphismen η_A heißen *Einheiten* und die im Satz 3.3 definierten Morphismen ε_A heißen *Koeinheiten* der Adjunktion.

Satz 3.9 (Natürlichkeit von Einheit und Koeinheit) *Einheit* $\eta\colon id_{\underline{\mathbf{A}}} \to G \circ F$ *und Koeinheit* $\varepsilon\colon G \circ F \to id_{\underline{\mathbf{A}}}$ *einer Adjunktion* $F \dashv G$ *sind natürliche Transformationen.*

Beweis Für $f\colon A \to A'$ ist zu zeigen, dass folgende Diagramme kommutieren:

$$\begin{array}{ccc} A & \xrightarrow{\quad f \quad} & A' \\ \downarrow{\scriptstyle \eta_A} & & \downarrow{\scriptstyle \eta_{A'}} \\ G(F(A)) & \xrightarrow{G(F(f))} & G(F(A')) \end{array} \qquad \begin{array}{ccc} F(G(A)) & \xrightarrow{F(G(f))} & F(G(A')) \\ \downarrow{\scriptstyle \varepsilon_A} & & \downarrow{\scriptstyle \varepsilon_{A'}} \\ A & \xrightarrow{\quad f \quad} & A' \end{array}$$

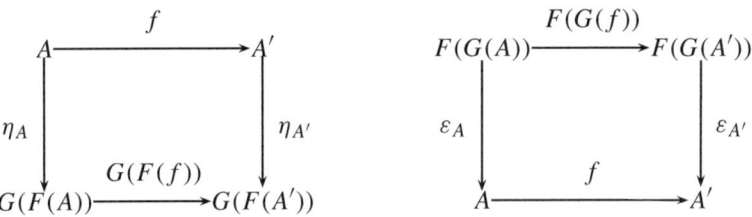

Das Diagramm

$$\begin{array}{ccc}
\underline{\mathbf{B}}(F(A'), F(A')) & \xrightarrow{\psi_{A'\,F(A')}} & \underline{\mathbf{A}}(A', G(F(A'))) \\
{\scriptstyle \underline{\mathbf{B}}(F(f), F(A'))}\downarrow & & \downarrow{\scriptstyle \underline{\mathbf{A}}(f, G(F(A')))} \\
\underline{\mathbf{B}}(F(A), F(A')) & \xrightarrow{\psi_{A\,F(A')}} & \underline{\mathbf{A}}(A, G(F(A')))
\end{array}$$

liefert $\underline{\mathbf{A}}(f, G(F(A')))(\psi_{A'\,F(A')}(id_{F(A')})) = f \circ \eta_A = \psi_{A\,F(A')}(\underline{\mathbf{B}}(F(f), F(A'))$ $(id_{F(A')})) = G(F(f)) \circ \eta'_A$. Der Beweis für ε verläuft dual dazu.

Lemma 3.1 *Für eine Adjunktion $F \dashv G \colon \underline{\mathbf{B}} \to \underline{\mathbf{A}}$ und einen Morphismus $f \colon A \to G(B)$ gilt $\varphi_{AB}(f) = \varepsilon_B \circ F(f)$.*

Beweis Nach dem Satz 3.11 gilt $\varphi_{G(B)B}(id_{G(B)}) = \varepsilon_B$.

Jagt man $id_{G(B)}$ durch das Diagramm

$$\begin{array}{ccc}
\underline{\mathbf{A}}(G(B), G(B)) & \xrightarrow{\varphi_{G(B)B}} & \underline{\mathbf{B}}(F(G(B)), B) \\
{\scriptstyle \underline{\mathbf{A}}(f, G(B))}\downarrow & & \downarrow{\scriptstyle \underline{\mathbf{B}}(F(f), B)} \\
\underline{\mathbf{A}}(A, G(B)) & \xrightarrow{\varphi_{AB}} & \underline{\mathbf{B}}(F(A), B)
\end{array}$$

erhält man $\underline{\mathbf{B}}(F(f), B)(\varphi_{G(B)B}(id_{G(B)})) = F(f) \circ \varepsilon_B = \varphi_{AB}(f)$ nach dem Lemma 3.1.

Lemma 3.2 *Für eine Adjunktion $F \dashv G \colon \underline{\mathbf{B}} \to \underline{\mathbf{A}}$ und einen Morphismus $g \colon A \to G(B)$ gilt $\psi_{AB}(g) = G(g) \circ \eta_A$.*

Beweis Dual zum Beweis von Lemma 3.1.

Satz 3.10 (Verknüpfungen von Einheit und Koeinheit) *Sei $F \dashv G \colon \underline{\mathbf{B}} \to \underline{\mathbf{A}}$ eine Adjunktion mit der Einheit $\eta \colon id_{\underline{\mathbf{A}}} \to G \circ F$ und der Koeinheit $\varepsilon \colon F \circ G \to id_{\underline{\mathbf{B}}}$. Dann gilt*

a) $\varepsilon_{F(A)} \circ F(\eta_A) = id_{F(A)}$ *und*
b) $G(\varepsilon_B) \circ \eta_{G(B)} = id_{G(B)}$

für alle Objekte $A \in \underline{\mathbf{A}}$ und $B \in \underline{\mathbf{B}}$.

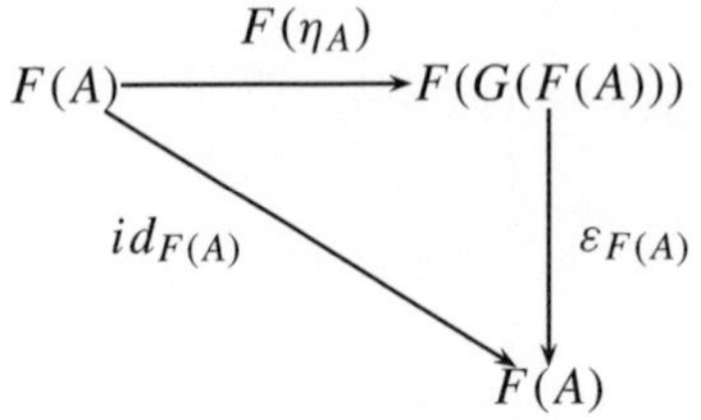

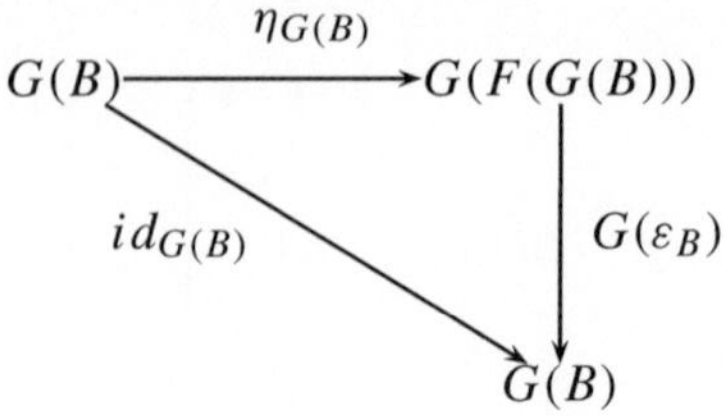

Beweis

a) Nach dem Lemma 3.1 gilt $\varphi_{A\,F(A)}(\eta_A) = \varepsilon_{F(A)} \circ F(\eta_A)$. Wegen $\varphi_{A\,F(A)} = \overline{\eta_A}$ und $\overline{\eta_A} = id_A$ folgt daraus $\varepsilon_{F(A)} \circ F(\eta_A) = id_A$.
b) Dual zum Beweis von a).

Satz 3.11 *Gegeben sei eine Adjunktion $F \dashv G\colon \underline{\mathbf{B}} \to \underline{\mathbf{A}}$.*

a) *Für ihre Einheit gilt $\eta_A = \psi_{F(A)F(A)}(id_{F(A)})$ und*
b) *für ihre Koeinheit $\varepsilon_B = \varphi_{G(B)G(B)}(id_{G(B)})$.*

Beweis

a) Nach Definition von ψ (s. Satz 3.5) gilt $\psi_{F(A)F(A)}(id_F(A)) = G(id_{F(A)}) \circ \eta_A = \eta_A$.
b) Nach Definition von φ gilt $\varphi_{G(B)G(B)}(id_G(B)) = \varepsilon_B \circ F(id_{G(B)}) = \varepsilon_B$.

Die bisherigen Ergebnisse lassen sich zusammenfassen:

Theorem 3.1 (Charakterisierung von Adjunktionen) *Seien $\underline{\mathbf{A}}$ und $\underline{\mathbf{B}}$ Kategorien und $F\colon \underline{\mathbf{A}} \to \underline{\mathbf{B}}$ und $G\colon \underline{\mathbf{B}} \to \underline{\mathbf{A}}$ Funktoren. Dann sind folgende Aussagen äquivalent:*

a) *F ist linksadjungiert zu G.*
b) *Es existieren natürliche Transformationen $\eta\colon id_{\underline{\mathbf{A}}} \to G \circ F$ und $\varepsilon\colon F \circ G \to id_{\underline{\mathbf{B}}}$ mit $\varepsilon F \circ F\eta = \iota_F$ und $G\varepsilon \circ \eta G = \iota_G$.*

Beweis Aus a) folgt b): Das ist die Aussage des Satzes 3.10.

Aus b) folgt a): Seien $\varphi_{AB}\colon \underline{\mathbf{A}}(A, G(B)) \to \underline{\mathbf{B}}(F(A), B)$ durch $\varphi_{AB}(f) = \varepsilon_B \circ F(f)$ und $\psi_{AB}\colon \underline{\mathbf{B}}(F(A), B) \to \underline{\mathbf{A}}(A, G(B))$ durch $\psi_{AB}(g) = G(g) \circ \eta_A$ definiert.

Dann zeigen die Rechnungen im Beweis von Satz 3.5 in Verbindung mit dem Ergebnis von Lemma 3.1, dass ψ_{AB} invers zu φ_{AB} ist.

Satz 3.12 (Kompositionen von Adjunktionen sind Adjunktionen) *Seien $F\colon \underline{\mathbf{A}} \to \underline{\mathbf{B}}$, $G\colon \underline{\mathbf{B}} \to \underline{\mathbf{A}}$, $H\colon \underline{\mathbf{B}} \to \underline{\mathbf{C}}$ und $K\colon \underline{\mathbf{C}} \to \underline{\mathbf{B}}$ Funktoren mit $F \dashv G$ und $H \dashv K$. Dann gilt $H \circ F \dashv G \circ K$.*

Beweis $\underline{C}(H \circ F(-), =) \cong \underline{B}(F(-), K(=)) \cong \underline{A}(-, G \circ K(=))$.

Satz 3.13 (Partner bei Adjunktionen) *Seien $\underline{A}$ und $\underline{B}$ Kategorien und $F: \underline{A} \to \underline{B}$ ein Funktor mit Linksadjungierten $G: \underline{B} \to \underline{A}$ und $H: \underline{B} \to \underline{A}$. Dann existiert ein natürlicher Isomorphismus $\phi: G \to H$, d. h., die Partner bei Adjunktionen sind bis auf Isomorphie eindeutig bestimmt.*

Entsprechendes gilt für Funktoren mit Rechtsadjungierten.

Beweis Zu konstruieren ist ein natürlicher Isomorphismus $\varphi_{AB}: \underline{A}(A, G(B)) \to \underline{B}(F(A), B)$.

Wir definieren $\varphi_{AB}(f) = \varepsilon_B \circ F(f)$ für $f: A \to G(B)$ und $\psi_{AB}(g) = G(g) \circ \eta_A$ für $g: F(A) \to B$ und nutzen den vorigen Satz 3.10.

Dann gilt $\psi_{AB}(\varphi_{AB}(f)) = \psi_{AB}(\varepsilon_B \circ F(f)) = G(\varepsilon_B \circ F(f)) \circ \eta_A = G(\varepsilon_B) \circ (G(F(f) \circ \eta_A) = G(\varepsilon_B) \circ \eta_{G(B)} \circ f = id_{G(B)} \circ f = f$, folglich $\psi_{AB} \circ \varphi_{AB} = \iota_{\underline{B}}$.

Umgekehrt gilt $\varphi_{AB}(\psi_{AB}(g)) = \varphi_{AB}(G(g) \circ \eta_A) = \varepsilon_B \circ F(G(g) \circ \eta_A) = \varepsilon_B \circ F(G(g)) \circ F(\eta_A) = g \circ \varepsilon_{F(A)} \circ F(\eta_A) = g \circ id_{F(A)} = g$, und damit $\varphi_{AB} \circ \psi_{AB} = \iota_{\underline{A}}$.

Dass φ und ψ natürliche Transformationen sind, folgt aus der Natürlichkeit von η und ε und der Tatsache, dass F und G Funktoren sind.

Lemma 3.3 (Bewahrung von [regulären] Mono- und Epimorphismen durch adjungierte Funktoren) *Seien $F: \underline{A} \to \underline{B}$ und $G: \underline{B} \to \underline{A}$ Funktoren mit $F \dashv G$. Dann bewahrt F Epimorphismen und reguläre Epimorphismen und G bewahrt Monomorphismen und reguläre Monomorphismen.*

Beweis Seien A und A' Objekte in $\underline{A}$ und $f: A \to A'$ ein Epimorphismus.

Für ein Objekt B in $\underline{B}$ und zwei Morphismen $g, h: F(A') \to B$ gelte $g \circ F(f) = h \circ F(f)$. Daraus folgt $G(g) \circ G(F(f)) = G(g \circ F(f)) = G(h \circ F(f)) = G(h) \circ G(F(f))$.

Anwendung von $\varphi_{AB}: \underline{B}(F(A, B)) \to \underline{A}(A, G(B))$ (s. Beweis des Satzes 3.5) auf die übereinstimmenden Kompositionen $F(A) \xrightarrow{F(f)} F(A') \xrightarrow{g} B$ und $F(A) \xrightarrow{F(f)} F(A') \xrightarrow{h} B$ liefert die Kompositionen $F(A) \xrightarrow{f} F(A') \xrightarrow{\varphi(g)} B$ und $F(A) \xrightarrow{f} F(A') \xrightarrow{\varphi(h)} B$, die folglich übereinstimmen. Weil f ein Epimorphismus ist, folgt $\varphi(g) = \varphi(h)$. Da φ ein natürlicher Isomorphismus ist, ergibt sich $g = h$. Somit ist $F(f)$ ein Epimorphismus.

Sei $f: A \to A'$ ein regulärer Epimorphismus. Nach Definition 2.28 gibt es dann ein Objekt C in $\underline{A}$ und Morphismen $g: C \to A$ und $h: C \to A$ mit $f = Koeg(g, h)$, insbesondere also $f \circ g = f \circ h$.

Sei B ein Objekt aus $\underline{B}$ und $k: F(A) \to B$ ein Morphismus mit $k \circ F(g) = k \circ F(h)$. Qua Adjunktion ist das zu $\psi_{AB}(k) \circ g = \psi_{AB}(k) \circ h$ äquivalent. Wegen $f = Koeg(g, h)$ gibt es dann genau einen Morphismus $n: A' \to G(B)$ mit $n \circ f = \psi_{AB}(k)$, was qua Adjunktion zu $\varphi_{AB}(n) \circ F(f) = k$ äquivalent ist.

Das bedeutet $F(A') = Koeg(F(f), F(h))$, also ist $F(f)$ ein regulärer Epimorphismus.

Der Beweis, dass G Monomorphismen und reguläre Monomorphismen bewahrt, verläuft dual dazu.

Lemma 3.4 *Seien $\underline{\mathbf{A}}$ und $\underline{\mathbf{B}}$ Kategorien, $F\colon \underline{\mathbf{A}} \to \underline{\mathbf{B}}$ und $G\colon \underline{\mathbf{B}} \to \underline{\mathbf{A}}$ Funktoren mit $F \dashv G$ und $\underline{\mathbf{A}}(B, A)\colon \underline{\mathbf{A}}(B, A) \to \underline{\mathbf{B}}(F(B), F(A))$ die Abbildung mit $F_{BA}(f) = F(f)$ für $B \xrightarrow{f} A$. Dann ist das Diagramm*

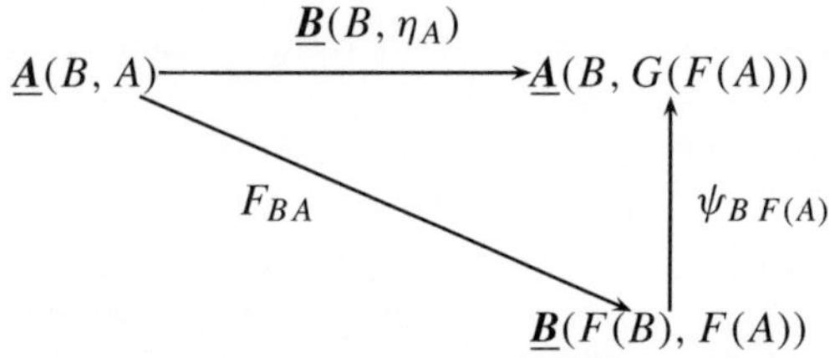

für alle A und B in $\underline{\mathbf{A}}$ kommutativ, wobei ψ die natürliche Transformation aus dem Beweis des Satzes 3.5 ist.

Beweis Nach dem Lemma 3.2 gilt $\psi_{B\,F(A)}(F(f)) = G(F(f)) \circ \eta_B$; wegen der Natürlichkeit von η also $\psi_{B\,F(A)}(F(f)) = \eta_A \circ f$ für jeden Morphismus $f\colon B \to A$. Daraus folgt $(\psi_{B\,F(A)} \circ F_{BA})(f) = \psi_{B\,F(A)}(F_{BA}(f)) = \psi_{B\,F(A)}(F(f)) = \eta_A \circ f = \underline{\mathbf{B}}(B, \eta_A)(f)$ für alle $f\colon B \to A$.

Also gilt $\psi_{B\,F(A)} \circ F_{BA} = \underline{\mathbf{B}}(B, \eta_A)$.

Satz 3.14 (Charakterisierung von treuen und vollen adjungierten Funktoren) *Seien $\underline{\mathbf{A}}$ und $\underline{\mathbf{B}}$ Kategorien, $F\colon \underline{\mathbf{A}} \to \underline{\mathbf{B}}$ und $G\colon \underline{\mathbf{B}} \to \underline{\mathbf{A}}$ Funktoren mit $F \dashv G$ mit der Einheit $\eta_{\underline{\mathbf{A}}}\colon Id_{\underline{\mathbf{A}}} \to G \circ F$ und der Koeinheit $\varepsilon_{\underline{\mathbf{B}}}\colon F \circ G \to Id_{\underline{\mathbf{B}}}$. Dann gilt:*

a) *F ist genau dann treu, wenn η_A für alle A in $\underline{\mathbf{A}}$ ein Monomorphismus ist.*
b) *G ist genau dann treu, wenn ε_B für alle A in $\underline{\mathbf{A}}$ ein Epimorphismus ist.*
c) *F ist genau dann voll, wenn η_A für alle A in $\underline{\mathbf{A}}$ ein Retrakt ist,*
d) *G ist genau dann voll, wenn ε_A für alle A in $\underline{\mathbf{A}}$ ein Koretrakt ist.*
e) *F ist genau dann volltreu, wenn $\eta_{\underline{\mathbf{B}}}\colon Id_{\underline{\mathbf{B}}} \to G \circ F$ ein natürlicher Isomorphismus ist.*
f) *G ist genau dann volltreu, wenn $\varepsilon\colon F \circ G \to Id_{\underline{\mathbf{A}}}$ ein natürlicher Isomorphismus ist.*

Beweis

a) Seien A und A Objekte in $\underline{\mathbf{A}}$ und $f\colon A' \to A$ und $g\colon A' \to A$ Morphismen mit $\eta_A \circ f = \eta_A \circ g$. Dann gilt $\varepsilon_{F(A)} \circ F(\eta_A) \circ F(f) = \varepsilon_{F(A)} \circ F(\eta_A) \circ F(g)$. Wegen $\varepsilon_{F(A)} \circ F(\eta_A) = id_{F(A)}$ gilt $F(f) = F(g)$ nach dem Satz 3.10 a). Da F treu ist, folgt $f = g$ nach der Definition 2.41. Also ist η_A ein Monomorphismus.

Sei umgekehrt η_A ein Monomorphismus. Seien A und A' Objekte in $\underline{\boldsymbol{A}}$ und $f: A \to A'$ und $g: A \to A'$ Morphismen mit $F(f) = F(g)$. Daraus folgt $G(F(f)) = G(F(g))$, und damit $\eta_{A'} \circ f = G(F(f)) \circ \eta_A = G(F(g)) \circ \eta_A = \eta_{A'} \circ g$. Weil $\eta_{A'}$ ein Monomorphismus ist, ergibt sich $f = g$. Folglich ist F treu.

b) Dual zu a).

c) F ist genau dann voll, wenn die Abbildung $F_{BA}: \underline{\boldsymbol{A}}(B, A) \to \underline{\boldsymbol{B}}(F(B), F(A))$ mit $F_{BA}(f) = F(f)$ für alle A und B in $\underline{\boldsymbol{A}}$ surjektiv ist.
Weil nach dem vorigen Lemma 3.4 $\psi_{B\,F(A)} \circ F_{BA} = \underline{\boldsymbol{B}}(B, \eta_A)$ gilt und $\psi_{B\,F(A)}$ bijektiv ist, ist F also genau dann voll, wenn $\underline{\boldsymbol{B}}(B, \eta_A): \underline{\boldsymbol{A}}(B, A) \to \underline{\boldsymbol{A}}(A, G(F(A)))$ für alle A und B in $\underline{\boldsymbol{A}}$ surjektiv ist, also wenn es für jeden Morphismus $f: B \to G(F(A))$ einen Morphismus $g: B \to A$ mit $\underline{\boldsymbol{B}}(B, \eta_A)(f) = \eta_A \circ g = f$ gibt.
Für $B = G(F(A))$ heißt das, dass es zu $id_{G(F(A))} \in \underline{\boldsymbol{A}}(G(F(A)), G(F(A)))$ einen Morphismus $g: G(F(A)) \to A$ mit $\underline{\boldsymbol{B}}(G(F(A)), \eta_A)(g) = \eta_A \circ g = id_{G(F(A))}$ gibt.
Das ist genau dann der Fall, wenn η_A ein Retrakt ist.
Das Argument stimmt auch für *alle* $f: B \to G(F(A))$: Weil F voll ist, existiert zu jedem $\varphi_{B\,F(A)}(f): F(B) \to F(A)$ ein Morphismus $g: B \to A$ mit $F_{BA}(g) = F(g) = \varphi_{B\,F(A)}(f)$, also $\psi_{B\,F(A)}(F_{BA}(g)) = \psi_{B\,F(A)}(F(g)) = \psi_{B\,F(A)}(\varphi_{B\,F(A)}(f)) = f$.
Also gilt $(\varphi_{B\,F(A)} \circ \underline{\boldsymbol{B}}(B, \eta_A))(g) = \varphi_{B\,F(A)}(g \circ \eta_A) = F_{BA}(g) = \varphi_{B\,F(A)}(f)$. Weil $\varphi_{B\,F(A)}$ bijektiv ist, folgt daraus $g \circ \eta_A = f$.

d) Dual zu c).

e) F ist genau dann volltreu, wenn F voll und treu ist. Nach dem Satz 2.11 folgt die Behauptung aus a) und c).

f) Die Behauptung folgt nach dem Satz 2.13 aus b) und d).

Satz 3.15 (Charakterisierung von Äquivalenzen durch Adjunktionen) *Seien A und B Kategorien und* $F: \underline{\boldsymbol{A}} \to \underline{\boldsymbol{B}}$ *ein Funktor. Dann sind die folgenden Aussagen äquivalent:*

a) *F ist eine Äquivalenz.*
b) *F ist volltreu und repräsentativ.*
c) *F ist volltreu und hat einen volltreuen Linksadjungierten* $G: \underline{\boldsymbol{B}} \to \underline{\boldsymbol{A}}$.
d) *F ist volltreu und hat einen volltreuen Rechtsadjungierten* $H: \underline{\boldsymbol{B}} \to \underline{\boldsymbol{A}}$.

Beweis Aus a) folgt b): Sei die Äquivalenz $\underline{\boldsymbol{A}} \cong \underline{\boldsymbol{B}}$ durch natürliche Isomorphismen $\lambda: G \circ F \to \iota_{\underline{\boldsymbol{A}}}$ und $\mu: F \circ G \to \iota_{\underline{\boldsymbol{B}}}$ für $G: \underline{\boldsymbol{B}} \to \underline{\boldsymbol{A}}$ gegeben. Aus $F(f) = F(g)$ für f und $g \in \underline{\boldsymbol{A}}(A, A')$ folgt dann $f = \lambda_{A'} \circ G(F(f)) \circ \lambda_A^{-1} = \lambda_{A'} \circ G(F(g)) \circ \lambda_A^{-1} = g$, d. h., F ist treu. Analog folgt, G ist treu.

Für jedes $g: F(A \to F(A')$ hat man dann mit $f = \lambda_{A'} \circ G(g) \circ \lambda_A^{-1}$ einen Morphismus $A \to A'$ mit $F(f) = g$ wegen $G(F(f)) = \lambda_{A'}^{-1} \circ f \circ \lambda_A = G(g)$, d. h., F ist voll.

Außerdem ist F repräsentativ, weil $\mu_B: B \to F(G(B))$ ein Isomorphismus ist.

Aus b) folgt c): Da F repräsentativ ist, existiert zu jedem $B \in Ob(\underline{\boldsymbol{B}})$ ein $A_B \in Ob(\underline{\boldsymbol{A}})$ mit einem Isomorphismus $\eta_B : B \to F(A_B)$.

η_B ist universell: Für $f : B \to F(A)$ sei $g = f \circ \eta_B^{-1} : F(A_B \to F(A)$; da F volltreu ist, gibt es genau ein $\bar{f} : A_B \to A$ mit $F(\bar{f}) = g$.

Damit ist dieses universelle Abbildungsproblem für jedes $B \in Ob(\underline{\boldsymbol{B}})$ lösbar, d. h., man hat mit $G(B) = A_B$ einen linksadjungierten Funktor $G \dashv F$, der volltreu ist, weil die Einheit $\eta_B : \iota_{\underline{\boldsymbol{B}}} \to F \circ G$ ein Isomorphismus ist.

Aus c) folgt a): Einheit und Koeinheit der Adjunktion sind Isomorphismen $\iota_{\underline{\boldsymbol{B}}} \to F \circ G$ und $G \circ F \to \iota_{\underline{\boldsymbol{A}}}$.

d) ist äquivalent zu a): dual dazu, dass c) äquivalent zu a) ist.

3.2.2 Kartesisch abgeschlossene Kategorien

Definition 3.3 (Kartesisch abgeschlossene Kategorien) Sei $\underline{\boldsymbol{A}}$ eine Kategorie, in der es zu je zwei $A, B \in Ob(\underline{\boldsymbol{A}})$ ein Produkt $A \times B$ gibt (s. Definition 2.32). Dann heißt $\underline{\boldsymbol{A}}$ *kartesisch abgeschlossen,* wenn der Funktor $(-) \times \underline{\boldsymbol{B}} : \underline{\boldsymbol{A}} \to \underline{\boldsymbol{A}}$ einen rechtsadjungierten $(-)^B : \underline{\boldsymbol{A}} \to \underline{\boldsymbol{A}}$ hat, d. h., wenn es eine natürliche Isomorphie $\underline{\boldsymbol{A}}(A \times B, C) \cong \underline{\boldsymbol{A}}(A, C^B)$ gibt.

Das ist äquivalent dazu, dass das folgende kouniverselle Problem für alle Objekte A, B und $C \in Ob(\underline{\boldsymbol{A}})$ gelöst werden kann:

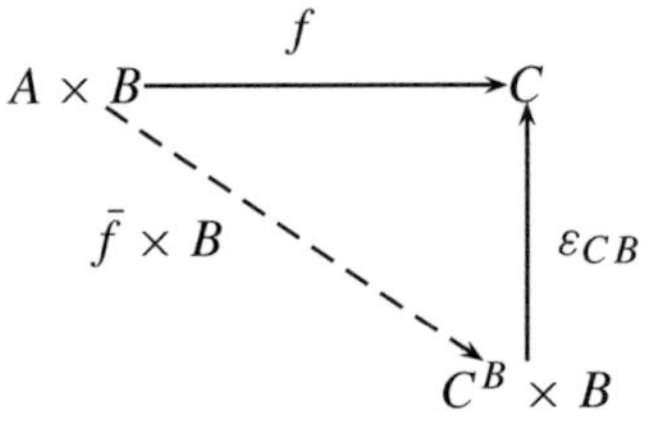

Beispiele 3.2 (für kartesisch abgeschlossene Kategorien)

- Das Standardbeispiel ist die Kategorie $\underline{\boldsymbol{M}}$ der Mengen mit $C^B = \text{Abb}(B, C)$ für Mengen B und C.
  Die Koeinheit ε_{CB} wird dabei als *Auswertungsabbildung* bezeichnet: $\varepsilon_{CB}(f, x) = f(x)$ für $f : B \to C$ und $x \in B$.
- Auch die Kategorie $\underline{\boldsymbol{Mod}}_A$ der A-Moduln ist kartesisch abgeschlossen. Seien M, N und P A-Moduln und $f : M \times N \to P$ ein A-Homomorphismus. Sei $\varepsilon_P : \text{Hom}_A(N, P) \to P$ durch $\varepsilon_P(g, x) = g(x)$ für $g \in \text{Hom}_A(N, P)$ und $x \in N$ definiert. ε_B ist trivialerweise ein A-Homomorphismus. Wir definieren $\bar{f} : M \to \text{Hom}_A(N, P)$ durch $(\bar{f}(x))(y) = f(x, y)$ für $x \in M$ und $y \in M$. Dann gilt $\varepsilon_P \circ (\bar{f} \times id_N)(x, y) = \varepsilon_P(\bar{f}(x), y) = (\bar{f}(x))(y) = f(x, y)$, also ist das Diagramm

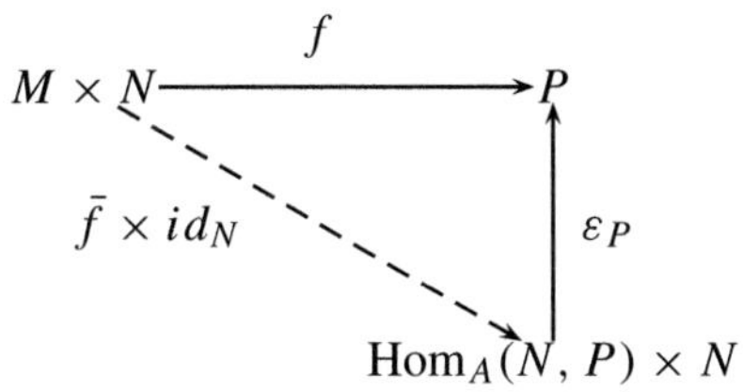

kommutativ.

4 Limites und Co

Zusammenfassung

In diesem Kapitel beschreiben wir die Konstruktionen aus den Abschn. 2.1.6 bis 2.1.11 durch Adjunktionen, entwickeln ein allgemeines Konzept für diese Konstruktionen und untersuchen, wann sie durch Funktoren bewahrt werden.

4.1 Spezielle Limites und Kolimites

Satz 4.1 (Existenz eines Linksadjungierten zum Diagonalfunktor) *Der Diagonalfunktor* $\Delta_{\underline{\mathbf{A}}\mathbf{I}}\colon \underline{\mathbf{A}} \to \underline{\mathbf{A}}^{\underline{\mathbf{I}}}$ *hat genau dann einen Linksadjungierten* $L_{\underline{\mathbf{A}}\mathbf{I}}\colon \underline{\mathbf{A}}^{\underline{\mathbf{I}}} \to \underline{\mathbf{A}}$, *wenn es für jedes Objekt* $F \in \underline{\mathbf{A}}^{\underline{\mathbf{B}}}$, *d. h. jeden Funktor* $F\colon \underline{\mathbf{B}} \to \underline{\mathbf{A}}$, *eine natürliche Transformation* $\eta_F\colon F \to \Delta_{\underline{\mathbf{A}}\mathbf{I}}(L_{\underline{\mathbf{A}}\mathbf{I}})(F)$ *derart gibt, dass zu jedem Objekt* $B \in \underline{\mathbf{B}}$ *und jeder natürlichen Transformation* $\alpha\colon F \to \Delta_{\underline{\mathbf{A}}\mathbf{I}}(B)$ *genau ein Morphismus* $\bar{\alpha}\colon L_{\underline{\mathbf{A}}\mathbf{I}}(F) \to B$ *mit* $\Delta_{\underline{\mathbf{A}}\mathbf{I}}(\bar{\alpha}) \circ \eta_F = \alpha$ *existiert.*

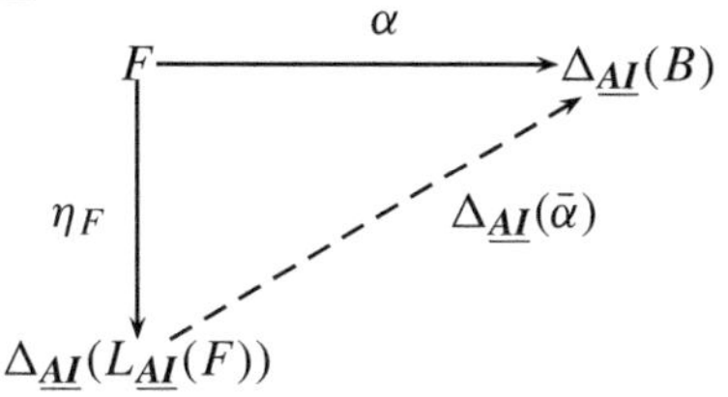

Beweis Siehe Sätze 3.5 und 3.7.

Dual dazu gilt der Satz:

C. Maurer, *Grundzüge der Kategorientheorie*,
https://doi.org/10.1007/978-3-662-70987-0_4

Satz 4.2 (Existenz eines Rechtsadjungierten zum Diagonalfunktor) *Der Diagonalfunktor $\Delta_{\underline{\boldsymbol{A}}\underline{\boldsymbol{I}}} \colon \underline{\boldsymbol{A}} \to \underline{\boldsymbol{A}}^{\underline{\boldsymbol{I}}}$ hat genau dann einen Rechtsadjungierten $L_{\underline{\boldsymbol{A}}\underline{\boldsymbol{I}}} \colon \underline{\boldsymbol{A}}^{\underline{\boldsymbol{I}}} \to \underline{\boldsymbol{A}}$, wenn es für jedes Objekt $F \in \underline{\boldsymbol{A}}^{\underline{\boldsymbol{B}}}$, d. h. jeden Funktor $F \colon \underline{\boldsymbol{B}} \to \underline{\boldsymbol{A}}$, eine natürliche Transformation $\eta_F \colon F \to \Delta_{\underline{\boldsymbol{A}}\underline{\boldsymbol{I}}}(L_{\underline{\boldsymbol{A}}\underline{\boldsymbol{I}}})(F)$ derart gibt, dass zu jedem Objekt $B \in \underline{\boldsymbol{B}}$ und jeder natürlichen Transformation $\alpha \colon F \to \Delta_{\underline{\boldsymbol{A}}\underline{\boldsymbol{I}}}(B)$ genau ein Morphismus $\bar{\alpha} \colon L_{\underline{\boldsymbol{A}}\underline{\boldsymbol{I}}}(F) \to B$ mit $\Delta_{\underline{\boldsymbol{A}}\underline{\boldsymbol{I}}}(\bar{\alpha}) \circ \eta_F = \alpha$ existiert.*

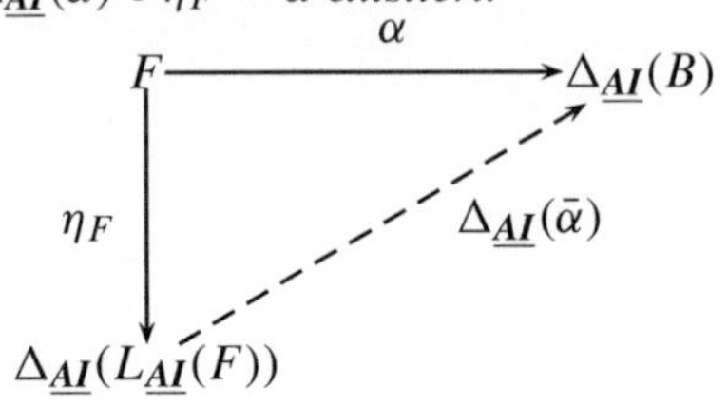

Beweis Siehe Sätze 3.6 und 3.8.

Für eine Kategorie $\underline{\boldsymbol{A}}$ und eine kleine Kategorie $\underline{\boldsymbol{I}}$ identifizieren wir einen Funktor $D \colon \underline{\boldsymbol{I}} \to \underline{\boldsymbol{A}}$ mit einem *Diagramm* in $\underline{\boldsymbol{A}}$.

Beispiele 4.1 (für Diagramme)

a) Für $\underline{\boldsymbol{I}} = \underline{\boldsymbol{0}}$ bestehen die Diagramme in $\underline{\boldsymbol{A}}$ nur aus *einem* Objekt A und dem identischen Morphismus id_A.
b) Sei $\underline{\boldsymbol{P}} \subset \underline{\boldsymbol{M}}$ die Kategorie mit den Objekten $\mathbf{2}$ und $\mathbf{2}$ und neben den Identitäten den durch $n_0(\mathbf{0}) = \mathbf{0}$, $n_0(\mathbf{1}) = \mathbf{0}$, $n_1(\mathbf{0}) = \mathbf{1}$ und $n_1(\mathbf{1}) = \mathbf{1}$ definierten Morphismen n_0 und $n_1 \colon \mathbf{2} \to \mathbf{2}$. Die Diagramme in $\underline{\boldsymbol{A}}$ sind also Paare $(A \xrightarrow{f} B, A \xrightarrow{g} B)$ von Morphismen in $\underline{\boldsymbol{A}}$, und die Morphismen zwischen zwei Diagrammen D und D' sind natürliche Transformationen $D \to D'$ mit Paaren von Morphismen $(A \xrightarrow{h} A', A \xrightarrow{k} A')$.

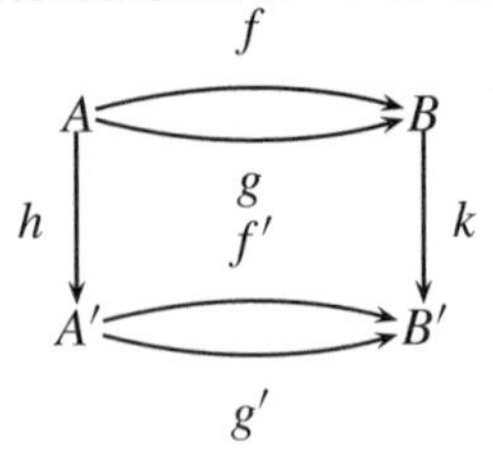

c) Für die im Satz 2.1 c) definierte Kategorie $\underline{\boldsymbol{I}} = |\underline{\mathbf{2}}|$ bestehen die Diagramme in $\underline{\boldsymbol{A}}$ gemäß Lemma 2.18 aus Paaren (A, B) von Objekten und die Morphismen zwischen zwei Diagrammen (A, B) und (A', B') aus Paaren (f, g) von Morphismen $(A \xrightarrow{f} B, A' \xrightarrow{f'} B')$.

d) Für eine kleine diskrete Kategorie $\underline{\boldsymbol{I}}$ sei $I = Ob(\underline{\boldsymbol{I}})$ die Menge ihrer Objekte. Für $\underline{\boldsymbol{I}}$ bestehen die Objekte der Diagramme aus Mengen $\{ A_i \mid i \in I \}$ von Objekten in $\underline{\mathbf{A}}$ und die Morphismen zwischen zwei Diagrammen aus Mengen $\{ f_i : A_i \to B_i \mid i \in I \}$ von Morphismen in $\underline{\mathbf{A}}$.
e) Sei $\underline{\boldsymbol{X}}$ die Kategorie mit dem Objekt $\mathbf{2}$, der Identität $id_{\mathbf{2}}$ und den durch $n_0(\mathbf{0}) = n_0(\mathbf{1}) = \mathbf{0}$ und $n_1(\mathbf{0}) = n_1(\mathbf{1}) = \mathbf{1}$ definierten Morphismen.

$$\mathbf{2} \xleftarrow{\;n_0\;} \mathbf{2} \xrightarrow{\;n_1\;} \mathbf{2}$$

Für $\underline{\boldsymbol{X}}$ bestehen die Objekte der Diagramme aus Paaren $(A \xrightarrow{f} C, B \xrightarrow{g} C)$ von Morphismen in $\underline{\mathbf{A}}$ und die Morphismen zwischen zwei Diagrammen aus Tripeln $(A \xrightarrow{h} A', B \xrightarrow{j} B', C \xrightarrow{k} C')$ von Morphismen.

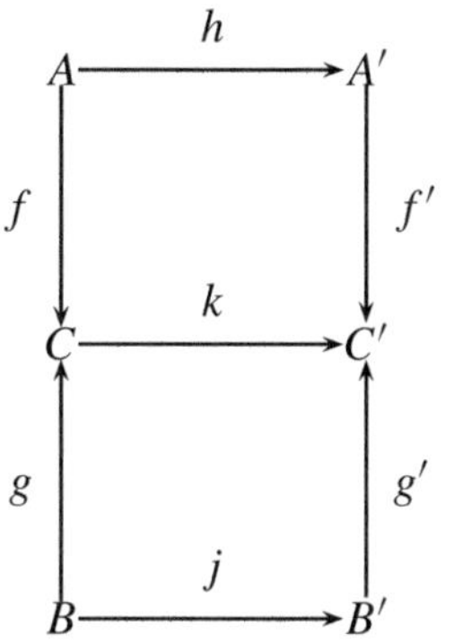

4.1.1 Initiale und terminale Objekte

Satz 4.3 (Charakterisierung von initialen und terminalen Objekten durch eine Adjunktion) *Der Diagonalfunktor* $\Delta_{\underline{\mathbf{A}}\underline{\boldsymbol{0}}} : \underline{\mathbf{A}} \to \underline{\mathbf{A}}^{\underline{\boldsymbol{0}}}$ *hat genau dann einen*

a) *Linksadjungierten* $L_{\underline{\mathbf{A}}} : \underline{\mathbf{A}}^{\underline{\boldsymbol{0}}} \to \underline{\mathbf{A}}$, *wenn es in* $\underline{\mathbf{A}}$ *ein* initiales *Objekt gibt,*
b) *Rechtsadjungierten* $R_{\underline{\mathbf{A}}} : \underline{\mathbf{A}}^{\underline{\boldsymbol{0}}} \to \underline{\mathbf{A}}$, *wenn es in* $\underline{\mathbf{A}}$ *ein* terminales *Objekt gibt.*

Beweis

a) Sei $\Delta_{\underline{\mathbf{A}}} : \underline{\mathbf{A}} \to \underline{\boldsymbol{1}}$ die Komposition $\underline{\mathbf{A}} \xrightarrow{\Delta_{\underline{\mathbf{A}}\underline{\boldsymbol{0}}}} \underline{\mathbf{A}}^{\underline{\boldsymbol{0}}} \xrightarrow{\cong} \underline{\boldsymbol{1}}$, wobei $\underline{\mathbf{A}}^{\underline{\boldsymbol{0}}} \xrightarrow{\cong} \underline{\boldsymbol{1}}$ der im Lemma 2.16 angegebene Isomorphismus ist. Dann gilt $\Delta_{\underline{\mathbf{A}}}(A) = \mathbf{0} \in Ob(\underline{\boldsymbol{1}})$ für alle A in $\underline{\mathbf{A}}$.
$\Delta_{\underline{\mathbf{A}}}$ hat genau dann einen Linksadjungierten $L_{\underline{\mathbf{A}}}$, wenn $\underline{\mathbf{A}}(L_{\underline{\mathbf{A}}}(\mathbf{0}), A) \cong \underline{\mathbf{A}}^{\underline{\boldsymbol{0}}}(\mathbf{0}, \Delta_{\underline{\mathbf{A}}}(A)) \cong \underline{\boldsymbol{1}}(\mathbf{0}, \mathbf{0})$ gilt. Das ist genau dann der Fall, wenn es zu jedem

Objekt A in $\underline{A}$ genau einen Morphismus $L_{\underline{A}} \to A$ gibt, also wenn $L_{\underline{A}}(\mathbf{0})$ ein initiales Objekt in $\underline{A}$ ist.

b) Dual zum Beweis von a) ergibt sich, dass Δ_A genau dann einen Rechtsadjungierten $R_{\underline{A}}$ hat, wenn $R_{\underline{A}}(\mathbf{0})$ ein terminales Objekt in $\underline{A}$ ist.

4.1.2 Egalisatoren und Koegalisatoren

Im Folgenden sei $\underline{P} \subset \underline{M}$ die Kategorie aus dem Beispiel 4.1 b).

Satz 4.4 (Charakterisierung von Egalisatoren und Koegalisatoren durch eine Adjunktion) *Der Diagonalfunktor* $\Delta_{\underline{AP}} \colon \underline{A} \to \underline{A}^{\underline{P}}$ *hat genau dann einen*

a) Rechtsadjungierten $R_{\underline{AP}} \colon \underline{A}^{\underline{P}} \to \underline{A}$*, wenn* $\underline{A}$ *Egalisatoren hat,*
b) Linksadjungierten $L_{\underline{AP}} \colon \underline{A}^{\underline{P}} \to \underline{A}$*, wenn* $\underline{A}$ *Koegalisatoren hat.*

Beweis

a) $\Delta_{\underline{AP}}$ hat nach den Sätzen 3.6 und 3.8 genau dann einen Rechtsadjungierten $R_{\underline{AP}}$, wenn das kouniverselle Problem

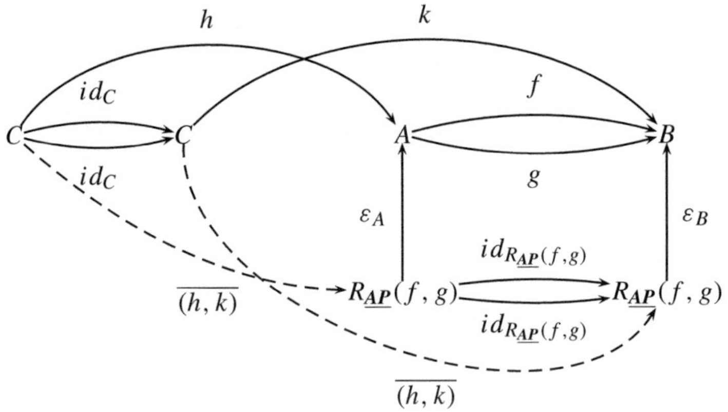

für jedes Diagramm in $\underline{A}$, also nach Beispiel 4.1 b) für jedes Paar (A, B) von Objekten in $\underline{A}$, jedes Paar von Morphismen $(A \xrightarrow{f} B, A \xrightarrow{g} B)$, jedes Objekt C in $\underline{A}$ und
jeden Morphismus $(h, k) \colon (C, C) \to (A, B)$, also jede natürliche Transformation $(C \xrightarrow{h} A, C \xrightarrow{k} B) \colon \Delta_{\underline{AP}} \to R_{\underline{AP}}(f, g)$ lösbar ist.

Die vereinfachte Version dieses Diagramms

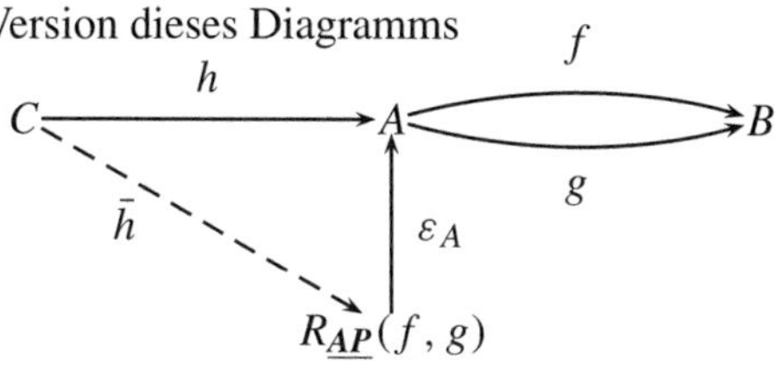

besagt, dass das genau dann der Fall ist, wenn $R_{\underline{\mathbf{AP}}}(f, g)$ ein Egalisator von f und g ist (s. Definition 2.23).

b) Dual zum Beweis von a).

4.1.3 Produkte und Koprodukte

Satz 4.5 (Charakterisierung von Produkten und Koprodukten durch eine Adjunktion) *Sei $|\underline{2}|$ die im Satz 2.1 c) definierte Kategorie.*

Dann gilt für jede Kategorie $\underline{\mathbf{A}}$: Der Diagonalfunktor $\Delta_{\underline{\mathbf{A}}|\underline{2}|} : \underline{\mathbf{A}} \to \underline{\mathbf{A}}^{|\underline{2}|} \cong \underline{\mathbf{A}} \times \underline{\mathbf{A}}$ hat genau dann einen

a) *Rechtsadjungierten $R_{\underline{\mathbf{A}}} : \underline{\mathbf{A}} \times \underline{\mathbf{A}} \to \underline{\mathbf{A}}$, wenn in $\underline{\mathbf{A}}$ Produkte existieren,*
b) *Linksadjungierten $L_{\underline{\mathbf{A}}} : \underline{\mathbf{A}} \times \underline{\mathbf{A}} \to \underline{\mathbf{A}}$, wenn in $\underline{\mathbf{A}}$ Koprodukte existieren.*

Beweis $\Delta_{\underline{\mathbf{A}}}$ hat nach den Sätzen 3.6 und 3.8 genau dann einen Rechtsadjungierten $R_{\underline{\mathbf{A}}} : \underline{\mathbf{A}} \times \underline{\mathbf{A}} \to \underline{\mathbf{A}}$, wenn es für jedes Diagramm in $\underline{\mathbf{A}}$, also nach Beispiel 4.1 c) jedes Paar (A, B) von Objekten in $\underline{\mathbf{A}}$ einen Morphismus $(\pi_A, \pi_B) : (R_{\underline{\mathbf{A}}}(A, B), R_{\underline{\mathbf{A}}}(A, B)) \to (A, B)$, also zwei Morphismen $\pi_A : R_{\underline{\mathbf{A}}}(A, B) \to A$ und $\pi_B : R_{\underline{\mathbf{A}}}(A, B) \to B$ derart gibt, dass für jedes Objekt C in $\underline{\mathbf{A}}$ und jedes Paar $(C \xrightarrow{f} A, C \xrightarrow{g} B)$ genau ein Morphismus $h : C \to R_{\underline{\mathbf{A}}}(A, B)$ mit $\pi_A \circ h = f$ und $\pi_B \circ h = g$ existiert.

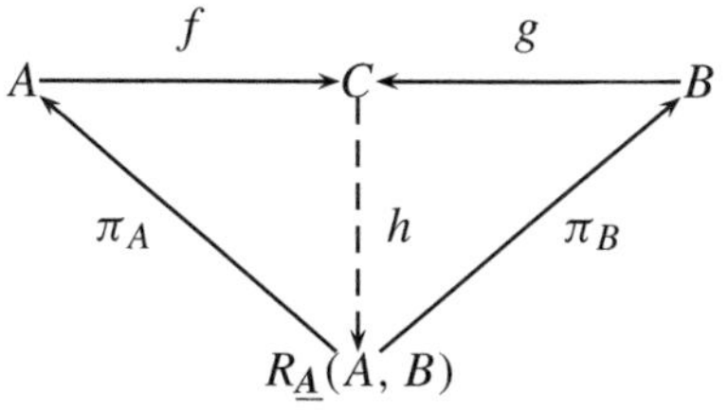

Dieses Diagramm ist genau dasjenige, das nach der Definition 2.32 das Produkt $A \times B$ von A und B beschreibt; folglich gilt $R_{\underline{\mathbf{A}}}(A, B) \cong A \times B$.

b) Dual zum Beweis von a) ergibt sich $L_{\underline{\mathbf{A}}}(A, B) \cong A \oplus B$ für einen Linksadjungierten $L_{\underline{\mathbf{A}}}$ von $\Delta_{\underline{\mathbf{A}}}$.

4.1.4 Allgemeine Produkte und Koprodukte

Die Charakterisierung von Produkten und Koprodukten lässt sich verallgemeinern, wenn die Kategorie $|\underline{\mathbf{2}}|$ durch eine *kleine diskrete* Kategorie ersetzt wird, von der $|\underline{\mathbf{2}}|$ ein Spezialfall ist.

Satz 4.6 (Charakterisierung allgemeiner Produkte und Koprodukte durch eine Adjunktion) *Im Folgenden sei $\underline{\mathbf{I}}$ eine kleine diskrete Kategorie wie im Beispiel 4.1 d) angegeben.*

Dann gilt für jede Kategorie $\underline{\mathbf{A}}$: Der Diagonalfunktor $\Delta_{\underline{\mathbf{AI}}} : \underline{\mathbf{A}} \to \underline{\mathbf{A}}^{\underline{\mathbf{I}}}$ hat genau dann einen

a) *Rechtsadjungierten $R_{\underline{\mathbf{A}}} : \underline{\mathbf{A}} \times \underline{\mathbf{A}} \to \underline{\mathbf{A}}$, wenn in $\underline{\mathbf{A}}$ allgemeine Produkte existieren,*
b) *Linksadjungierten $L_{\underline{\mathbf{A}}} : \underline{\mathbf{A}} \times \underline{\mathbf{A}} \to \underline{\mathbf{A}}$, wenn in $\underline{\mathbf{A}}$ allgemeine Koprodukte existieren.*

Beweis

a) $\Delta_{\underline{\mathbf{AI}}}$ hat nach den Sätzen 3.5 und 3.7 genau dann einen Rechtsadjungierten $R_{\underline{\mathbf{AI}}} : \underline{\mathbf{A}}^{\underline{\mathbf{I}}} \to \underline{\mathbf{A}}$, wenn es für jedes Diagramm in $\underline{\mathbf{A}}$, also nach Beispiel 4.1 d) für jede Menge $\{ A_i \mid i \in I \}$ von Objekten in $\underline{\mathbf{A}}$, eine Menge $\{ \pi_i : R_{\underline{\mathbf{AI}}}(\{A_i \mid i \in i\}) \to A_i \}$ von Morphismen derart gibt, dass für jedes Objekt B in $\underline{\mathbf{A}}$ und jede Menge $\{ f_i : A_i \to B_i \mid i \in I \}$ von Morphismen genau ein Morphismus $h : B \to R_{\underline{\mathbf{A}}}(\{A_i \mid i \in I\})$ mit $\pi_i \circ h = f_i$ für alle $i \in i$ existiert.

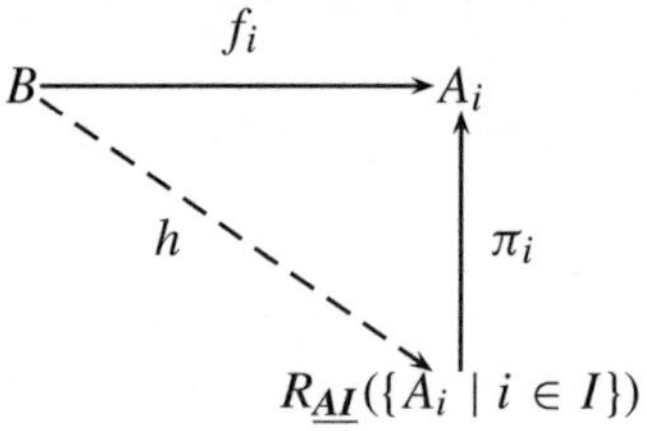

Dieses Diagramm ist genau dasjenige, das nach der Definition 2.34 das allgemeine Produkt $\prod_{i \in I} A_i$ der A_i beschreibt; folglich gibt es genau dann den Rechtsadjungierten $R_{\underline{\mathbf{AI}}}$, wenn $R_{\underline{\mathbf{AI}}}(\{A_i \mid i \in I\}) \cong \prod_{i \in I} A_i$ gilt.

b) Dual zum Beweis von a) ergibt sich $L_{\underline{\mathbf{AI}}}(\{ A_i \mid i \in I \}) \cong \sum_{i \in I} A_i$ für einen Linksadjungierten $L_{\underline{\mathbf{AI}}}$ von $\Delta_{\underline{\mathbf{A}}}$.

4.1.5 Pullbacks und Pushouts

Im Folgenden sei $\underline{\boldsymbol{X}}$ die Kategorie aus dem Beispiel 4.1 e).

Satz 4.7 (Charakterisierung von Pullbacks und Pushouts durch eine Adjunktion) *Der Diagonalfunktor*

a) $\Delta_{\underline{\boldsymbol{AX}}} : \underline{\boldsymbol{A}} \to \underline{\boldsymbol{A}}^{\underline{\boldsymbol{X}}}$ *hat genau dann einen Rechtsadjungierten, wenn* $\underline{\boldsymbol{A}}$ *Pullbacks hat,*
b) $\Delta_{\underline{\boldsymbol{AX}}^{op}} : \underline{\boldsymbol{A}} \to \underline{\boldsymbol{A}}^{\underline{\boldsymbol{X}}^{op}}$ *hat genau dann einen Linksadjungierten, wenn* $\underline{\boldsymbol{A}}$ *Pushouts hat.*

Beweis

a) $\Delta_{\underline{\boldsymbol{AX}}}$ hat nach den Sätzen 3.6 und 3.8 genau dann einen Rechtsadjungierten $R_{\underline{\boldsymbol{AP}}}$, wenn das kouniverselle Problem

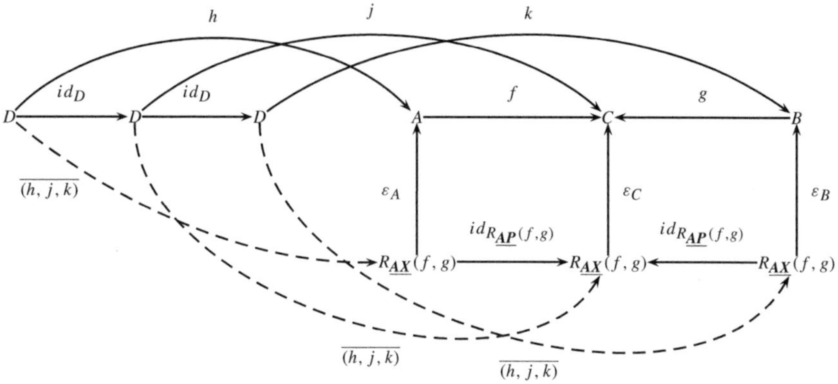

für alle Diagramme in $\underline{\boldsymbol{A}}$, nach Beispiel 4.1 e) also für alle Objekte A, B und C in $\underline{\boldsymbol{A}}$, jedes Diagramm $(A \xrightarrow{f} C, B \xrightarrow{g} C)$, jedes Objekt D in $\underline{\boldsymbol{A}}$ und jede natürliche Transformation $(D \xrightarrow{h} A, D \xrightarrow{j} C, D \xrightarrow{k} B) : \Delta_{\underline{\boldsymbol{A}},\underline{\boldsymbol{X}}} \to R_{\underline{\boldsymbol{AX}}}(f, g)$ lösbar ist.
Die vereinfachte Version dieses Diagramms

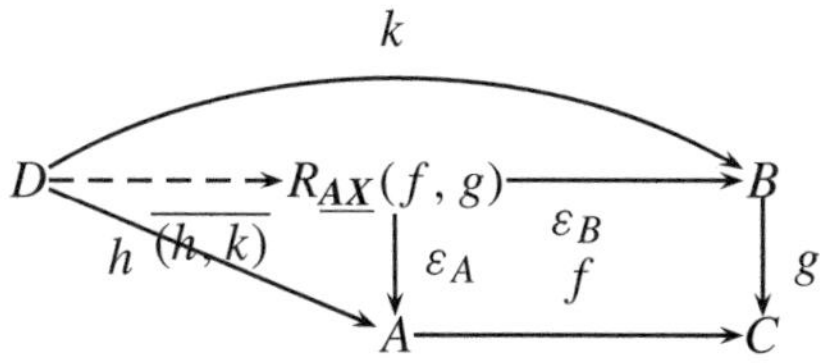

besagt, dass das genau dann der Fall ist, wenn $R_{\underline{\mathbf{AX}}}(f, g)$ ein Pullback von f und g ist (s. Definition 2.36).

b) Dual zum Beweis von a).

4.2 Allgemeiner Limes- und Kolimesbegriff

Die Konstruktion

- des *Limes* eines Diagramms D in $\underline{\mathbf{A}}$ kann durch die Konstruktion einer Adjunktion $\underline{\mathbf{A}}^{\underline{\mathbf{I}}}(\Delta_{\underline{\mathbf{AI}}}(A), D) \cong \underline{\mathbf{A}}(A, R_{\underline{\mathbf{AI}}})$ und die
- des *Kolimes* eines Diagramms D in $\underline{\mathbf{A}}$ durch die Konstruktion einer Adjunktion $\underline{\mathbf{A}}^{\underline{\mathbf{I}}}(D, \Delta_{\underline{\mathbf{AI}}}(A), D) \cong \underline{\mathbf{A}}(L_{\underline{\mathbf{AI}}}, A)$

erfolgen.

Im Folgenden identifizieren wir diese Funktoren mit Diagrammen in $\underline{\mathbf{A}}$.

Definition 4.1 (Kolimes) Seien $\underline{\mathbf{A}}$ eine Kategorie, $\underline{\mathbf{I}}$ eine kleine Kategorie, $D\colon I \to A$ ein Diagramm und $\Delta_{\underline{\mathbf{AI}}}\colon \underline{\mathbf{A}} \to \underline{\mathbf{A}}^{\underline{\mathbf{I}}}$ der Diagonalfunktor.

Wenn $\eta_D\colon D \to \Delta_{\underline{\mathbf{AI}}}(K)$ eine Lösung des universellen Problems

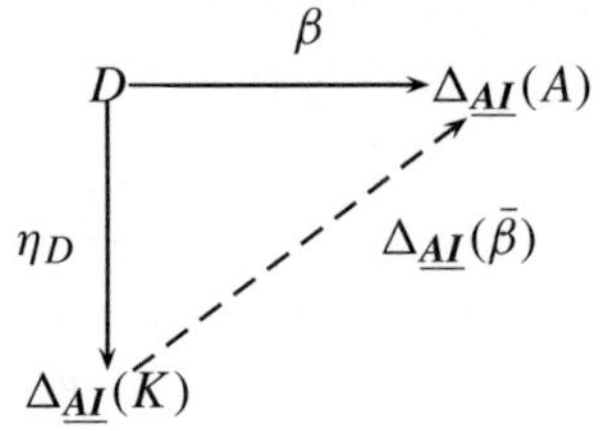

ist, heißt K *Kolimes* des Diagramms D. Wir wissen aus dem Kapitel über adjungierte Funktoren, dass dieses Problem genau dann lösbar ist, wenn der Diagonalfunktor $\Delta_{\underline{\mathbf{AI}}}\colon \underline{\mathbf{A}} \to \underline{\mathbf{A}}^{\underline{\mathbf{I}}}$ einen *Linksadjungierten* $L_{\underline{\mathbf{AI}}}\colon \underline{\mathbf{A}}^{\underline{\mathbf{I}}} \to \underline{\mathbf{A}}$ hat, d. h., wenn es eine Adjunktion $\underline{\mathbf{A}}^{\underline{\mathbf{I}}}(D, \Delta_{\underline{\mathbf{AI}}}(A)) \cong \underline{\mathbf{A}}(L_{\underline{\mathbf{AI}}}(D), A)$ gibt.

Der Kolimes K des Diagramms D ist also durch $L_{\underline{\mathbf{AI}}}(D)$ gegeben.

Definition 4.2 (Kolimesfunktor) Für eine kovollständige Kategorie $\underline{\mathbf{A}}$, eine kleine Kategorie $\underline{\mathbf{I}}$ und ein Diagramm $D\colon \underline{\mathbf{I}} \to \underline{\mathbf{A}}$ sei der *Kolimesfunktor* $Kolim_{\underline{\mathbf{AI}}}\colon \underline{\mathbf{A}}^{\underline{\mathbf{I}}} \to A$ durch $Kolim_{\underline{\mathbf{AI}}}(D) = L_{\underline{\mathbf{AI}}}$ definiert. Dann haben wir die Adjunktion $\underline{\mathbf{A}}^{\underline{\mathbf{I}}}(D, \Delta_{\underline{\mathbf{AI}}}(A)) \cong \underline{\mathbf{A}}(Kolim_{\underline{\mathbf{AI}}}(D), A)$, d. h., der Kolimesfunktor $Kolim_{AI}$ ist linksadjungiert zum Diagonalfunktor Δ_{AI}.

Definition 4.3 (Limes) Seien $\underline{\mathbf{A}}$ eine Kategorie, $\underline{\mathbf{I}}$ eine kleine Kategorie, $D\colon I \to A$ ein Diagramm und $\Delta_{\underline{\mathbf{AI}}}\colon \underline{\mathbf{A}} \to \underline{\mathbf{A}}^{\underline{\mathbf{I}}}$ der Diagonalfunktor.

Wenn $\varepsilon_D \colon \Delta_{\underline{AI}}(D) \to D$ eine Lösung des kouniversellen Problems

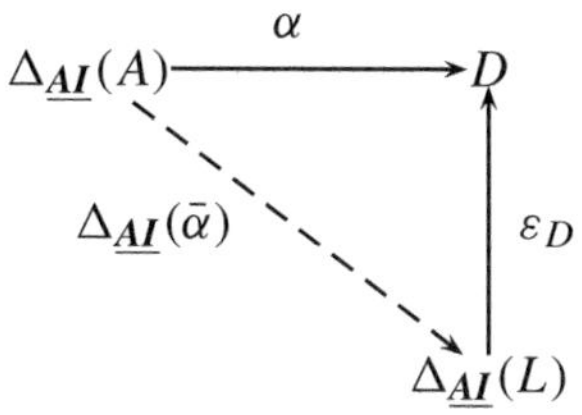

ist, heißt L *Limes* des Diagramms D. Dieses Problem ist genau dann lösbar, wenn der Diagonalfunktor einen *Rechtsadjungierten* $R_{\underline{AI}} \colon \underline{A}^{\underline{I}} \to \underline{A}$ hat, d. h., wenn es eine Adjunktion $\underline{A}^{\underline{I}}(\Delta_{\underline{AI}}(A), D) \cong \underline{A}(A, R_{\underline{AI}}(D))$ gibt.

Der Limes L des Diagramms D ist also durch $R_{\underline{AI}}(D)$ gegeben.

Definition 4.4 (Limesfunktor) Für eine vollständige Kategorie $\underline{A}$, eine kleine Kategorie $\underline{I}$ und ein Diagramm $D \colon \underline{I} \to \underline{A}$ sei der *Limesfunktor* $Lim_{\underline{AI}} \colon \underline{A}^{\underline{I}} \to A$ durch $Lim_{\underline{AI}}(D) = R_{\underline{AI}}$ definiert. Dann haben wir die Adjunktion $\underline{A}^{\underline{I}}(\Delta_{\underline{AI}}(A), D) \cong \underline{A}(A, Lim_{\underline{AI}}(D))$, d. h., der Limesfunktor $Lim_{\underline{AI}}$ ist rechtsadjungiert zum Diagonalfunktor $\Delta_{\underline{AI}}$.

▶ Die Existenz eines Limes oder Kolimes ist folglich äquivalent zur Existenz einer Adjunktion.

4.2.1 Vollständige und kovollständige Kategorien

Definition 4.5 (Vollständigkeit und Kovollständigkeit)

- Wenn $\underline{A}$ für jedes Diagramm einer kleinen Kategorie $\underline{I}$ einen Limes hat, heißt $\underline{A}$ *vollständig*.
- Wenn $\underline{A}$ für jedes Diagramm einer kleinen Kategorie $\underline{I}$ einen Kolimes hat, heißt $\underline{A}$ *kovollständig*.

Definition 4.6 (Endliche Vollständigkeit und Kovollständigkeit)

- Wenn eine Kategorie $\underline{A}$ für jedes Diagramm einer *endlichen Kategorie* $\underline{I}$ einen Limes hat, heißt $\underline{A}$ *endlich vollständig*.
- Wenn eine Kategorie $\underline{A}$ für jedes Diagramm einer *endlichen* Kategorie $\underline{I}$ einen Kolimes hat, heißt $\underline{A}$ *endlich kovollständig*.

Eine Kategorie $\underline{A}$ ist bereits dann vollständig, wenn nur spezielle Typen von Limites in ihr existieren:

Satz 4.8 (Charakterisierung der Vollständigkeit) *Für jede Kategorie* $\underline{\mathbf{A}}$ *sind folgende Aussagen äquivalent:*

a) $\underline{\mathbf{A}}$ *ist vollständig,*
b) $\underline{\mathbf{A}}$ *hat allgemeine Produkte und Egalisatoren.*

Beweis Aus a) folgt b): trivial.

Aus b) folgt a): Für ein Diagramm D in $\underline{\mathbf{A}}$ ist der Limes von D zu konstruieren. Weil $\underline{\boldsymbol{I}}$ klein ist, existiert das allgemeine Produkt $P = \prod_{i\in I} D(i)$, und $M = \{\, m\colon i \to k \mid i, k \in Ob(\underline{I}) = I \,\}$ ist eine Menge.

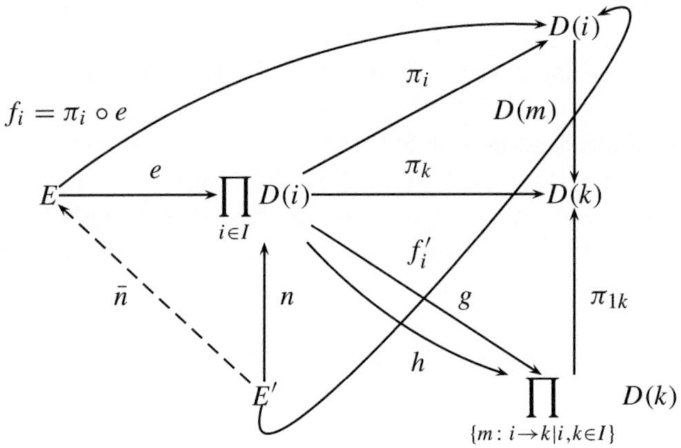

Weil $\prod_{\{m\colon i\to k|i,k\in I\}} D(k)$ ein allgemeines Produkt ist, existieren genau ein Morphismus $g\colon \prod_{i\in I} D(i) \to \prod_{\{m\colon i\to k|i,k\in I\}} D(k)$ mit $\pi_{1k} \circ g = \pi_k$ für alle $m\colon i \to k$ und parallel dazu genau ein Morphismus h mit $\pi_{1k} \circ h = D(m) \circ \pi_i$ für alle $m\colon i \to k$.

Sei (E, e) der Egalisator von g und h. Es gilt $D(m) \circ f_i = f_k$ für alle $m\colon i \to k$. Also ist f eine natürliche Transformation $\Delta_{\underline{AI}}(E) \to D$.

Sei f' eine weitere natürliche Transformation $\Delta_{\underline{AI}}(E') \to D$. Dann liefern ihre Morphismen f_i' einen eindeutig bestimmten Morphismus $n\colon E' \to \prod_{i\in I} D(i)$. Nach Definition von g und h gilt $\pi_{1k} \circ g \circ n = \pi_k \circ n$ und $\pi_{1k} \circ h \circ n = D(m) \circ \pi_i \circ n = \pi_k \circ n$ für alle $m\colon i \to k$, also $g \circ n = h \circ n$.

Weil E der Egalisator von g und h ist, gibt es genau einen Morphismus $\bar{n} : E' \to E$ mit $e \circ \bar{n} = n$. Folglich faktorisiert die natürliche Transformation f'

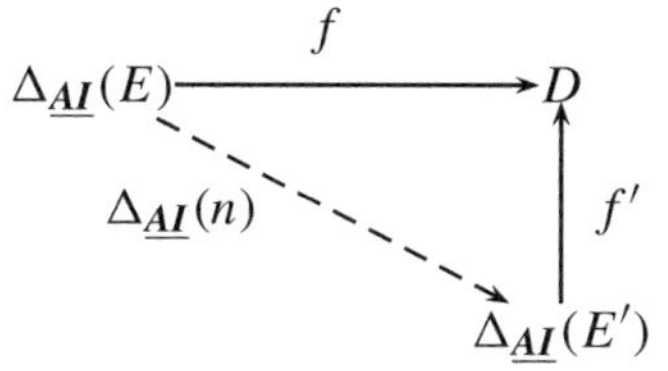

eindeutig über die natürliche Transformation f. Damit gilt $\underline{\mathbf{A}}^{\underline{\mathbf{I}}}(\Delta_{\underline{\mathbf{AI}}}(E'), D) \cong \underline{\mathbf{A}}(E', E)$. Nach Definition 4.3 ist damit E ein Limes von D.

Entsprechendes gilt für endliche Vollständigkeit:

Satz 4.9 (Charakterisierung der endlichen Vollständigkeit) *Für jede Kategorie* $\underline{\mathbf{A}}$ *sind folgende Aussagen äquivalent:*

a) $\underline{\mathbf{A}}$ *ist endlich vollständig,*
b) $\underline{\mathbf{A}}$ *hat Produkte und Egalisatoren.*

Beweis Aus a) folgt b): trivial.

Aus b) folgt a): Nach dem Satz 2.26 hat $\underline{\mathbf{A}}$ endliche allgemeine Produkte. Damit folgt die Behauptung aus dem vorigen Satz 4.8 für endliche Diagramme D.

Satz 4.10 (Alternative Charakterisierung der endlichen Vollständigkeit) *Für jede Kategorie* $\underline{\mathbf{A}}$ *sind folgende Aussagen äquivalent:*

a) $\underline{\mathbf{A}}$ *ist endlich vollständig,*
b) $\underline{\mathbf{A}}$ *hat ein terminales Objekt* **1** *und Pullbacks.*

Beweis Nach den Sätzen 2.30 und 2.31 sind Egalisatoren und Produkte in Kategorien mit einem terminalen Objekt als Pullbacks darstellbar; damit folgt die Behauptung aus dem vorigen Satz 4.9.

Satz 4.11 (Charakterisierung der Kovollständigkeit) *Für jede Kategorie* $\underline{\mathbf{A}}$ *sind folgende Aussagen äquivalent:*

a) $\underline{\mathbf{A}}$ *ist kovollständig,*
b) $\underline{\mathbf{A}}$ *hat allgemeine Koprodukte und Koegalisatoren.*

Beweis Aus a) folgt b): trivial.

Aus b) folgt a): dual zum Beweis im vorigen Satz 4.8, dass a) aus b) folgt.

Beispiele 4.2 (für vollständige Kategorien)

- Die Kategorie $\underline{\boldsymbol{M}}$ der Mengen ist vollständig und kovollständig, denn sie hat Egalisatoren und Koegalisatoren (s. Beispiele 2.15 und 2.12) und allgemeine Produkte und Koprodukte (s. Beispiele 2.21 und 2.22).
- Das Gleiche gilt z. B. auch für die Kategorie $\underline{\boldsymbol{Mod}}_A$.

4.2.2 Stetige Funktoren

Definition 4.7 (Stetigkeit und Kostetigkeit von Funktoren) Seien $\underline{\boldsymbol{A}}$ eine vollständige Kategorie, $\underline{\boldsymbol{B}}$ eine Kategorie, $F\colon \underline{\boldsymbol{A}} \to \underline{\boldsymbol{B}}$ ein Funktor und $\underline{\boldsymbol{I}}$ eine kleine Kategorie.

F heißt *stetig,* wenn für jeden Limes $Lim_{\underline{\boldsymbol{AI}}}(D)$ eines Diagramms $D\colon \underline{\boldsymbol{I}} \to \underline{\boldsymbol{A}}$ in A auch der Limes $L_{\underline{\boldsymbol{BI}}} F \circ D$ des Diagramms $F \circ D\colon \underline{\boldsymbol{I}} \to \underline{\boldsymbol{B}}$ in $\underline{\boldsymbol{B}}$ existiert und $F(Lim_{\underline{\boldsymbol{AI}}}(D)) = Lim_{\underline{\boldsymbol{BI}}}(F \circ D)$ gilt.

F heißt *kostetig,* wenn für jeden Kolimes $Kolim_{\underline{\boldsymbol{AI}}}$ des Diagramms $D\colon \underline{\boldsymbol{I}} \to \underline{\boldsymbol{A}}$ in A auch der Kolimes $L_{\underline{\boldsymbol{BI}}}(F \circ D)$ des Diagramms $F \circ D\colon \underline{\boldsymbol{I}} \to \underline{\boldsymbol{B}}$ existiert und $F(Kolim_{\underline{\boldsymbol{AI}}}) = Kolim_{\underline{\boldsymbol{BI}}}(F \circ D)$ gilt.

Satz 4.12 (Kompositionen stetiger Funktoren) *Seien A, B und C vollständige Kategorien.*

a) *Wenn $F\colon \underline{\boldsymbol{A}} \to \underline{\boldsymbol{B}}$ und $G\colon \underline{\boldsymbol{B}} \to \underline{\boldsymbol{C}}$ stetige Funktoren sind, ist auch die Komposition $G \circ F\colon \underline{\boldsymbol{A}} \to \underline{\boldsymbol{C}}$ stetig.*
b) *Wenn $F\colon \underline{\boldsymbol{A}} \to \underline{\boldsymbol{B}}$ und $G\colon \underline{\boldsymbol{B}} \to \underline{\boldsymbol{C}}$ kostetige Funktoren sind, ist auch die Komposition $G \circ F\colon \underline{\boldsymbol{A}} \to \underline{\boldsymbol{C}}$ kostetig.*

Beweis

a) Für eine kleine Kategorie $\underline{\boldsymbol{I}}$ und ein Diagramm $I \xrightarrow{D} A$ sind auch die Kompositionen $\underline{\boldsymbol{I}} \xrightarrow{F \circ D} \underline{\boldsymbol{B}}$ und $\underline{\boldsymbol{I}} \xrightarrow{G \circ F \circ D} \underline{\boldsymbol{C}}$ Diagramme.

   Wenn F und G stetig sind, gilt nach Definition 4.7 $F(Lim_{\underline{\boldsymbol{AI}}}(D)) \cong Lim_{\underline{\boldsymbol{BI}}}(F \circ D)$, also $G(F(Lim_{\underline{\boldsymbol{AI}}}(D))) \cong G(Lim_{\underline{\boldsymbol{BI}}}(F \circ D))$. Also gilt $(G \circ F)(Lim_{\underline{\boldsymbol{AI}}}(D)) = G(F(Lim_{\underline{\boldsymbol{AI}}}(D))) = G(Lim_{\underline{\boldsymbol{BI}}}(F \circ D)) = Lim_{\underline{\boldsymbol{CI}}}(G(F \circ D)) = Lim_{\underline{\boldsymbol{CI}}}(G \circ F)(D)$, d. h., $G \circ F$ ist stetig.
b) Dual zu a).

Satz 4.13 (Stetigkeit und Kostetigkeit adjungierter Funktoren) *Seien $\underline{\mathbf{A}}$ und $\underline{\mathbf{B}}$ Kategorien. Dann gilt für jede Adjunktion $F\colon \underline{\mathbf{A}} \to \underline{\mathbf{B}}$ und $G\colon \underline{\mathbf{B}} \to \underline{\mathbf{A}}$ mit $F \dashv G$:*

a) *F ist kostetig und*
b) *G ist stetig.*

Beweis

a) Für eine kleine Kategorie $\underline{\mathbf{I}}$ liefert die Adjunktion $F \dashv G$ eine Adjunktion $F^I \dashv G^I$:

Es gelten $F^{\underline{I}}(D) = F \circ D$ und $G^{\underline{I}}(E) = G \circ E$ für jedes Diagramm $D\colon I \to A$ und $E\colon I \to B$; folglich gelten $\underline{\mathbf{B}}^{\underline{I}}(F^{\underline{I}}(D), E) = \underline{\mathbf{B}}^{\underline{I}}(F \circ D, E)$ und $\underline{\mathbf{A}}^{\underline{I}}(D, G^{\underline{I}}(E)) = \underline{\mathbf{A}}^{\underline{I}}(D, G \circ E)$.
Wir definieren eine natürliche Transformation $\gamma\colon \underline{\mathbf{B}}^{\underline{I}}(F \circ D, E) \to \underline{\mathbf{A}}^{\underline{I}}(D, G \circ E)$ durch $(\gamma(\alpha))_i = \psi(\alpha_i)$ für eine natürliche Transformation $\alpha\colon F \circ D \to E$ und alle $i \in I$ und eine natürliche Transformation $\delta\colon \underline{\mathbf{A}}^{\underline{I}}(D, G \circ E) \to \underline{\mathbf{B}}^{\underline{I}}(F \circ D, E)$ durch $(\delta(\beta))_i = \varphi(\beta_i)$ für eine natürliche Transformation $\beta\colon \underline{\mathbf{A}}^{\underline{I}}(A) \to G \circ E$ und alle $i \in I$, wobei φ der natürliche Isomorphismus aus dem Satz 3.5 mit seinem Inversen ψ ist (wobei wir wegen der Übersichtlichkeit Indizes von γ, δ, φ und ψ weggelassen haben).
Dann gelten $(\gamma \circ \delta)(\beta)_i = \gamma(\delta(\beta)_i) = \gamma(\varphi(\beta)_i) = \psi(\varphi(\beta_i)) = \beta_i$ und $(\delta \circ \gamma)(\alpha)_i = \delta(\gamma(\alpha)_i) = \varphi_{A\,E(i)}(\gamma(\alpha_i)) = \varphi(\psi(\alpha_i)) = \alpha_i$ für alle Morphismen $\gamma(\alpha)_i\colon A \to G(E(i))$ und $\delta(\beta_i)\colon F(D_i) \to E(i)$ und alle $i \in I$, und somit sind die Kompositionen $\gamma \circ \delta$ und $\delta \circ \gamma$ Identitäten, also gilt $\underline{\mathbf{B}}^{\underline{I}}(F \circ D, E) \cong \underline{\mathbf{A}}^{\underline{I}}(D, G \circ E)$.
Nach dem zweiten Satz in diesem Beweis haben wir damit eine natürliche Isomorphie $\underline{\mathbf{B}}^{\underline{I}}(F^{\underline{I}}(D), E) \cong \underline{\mathbf{A}}^{\underline{I}}(D, G^{\underline{I}}(E))$, also die oben postulierte Adjunktion.
Das Diagramm

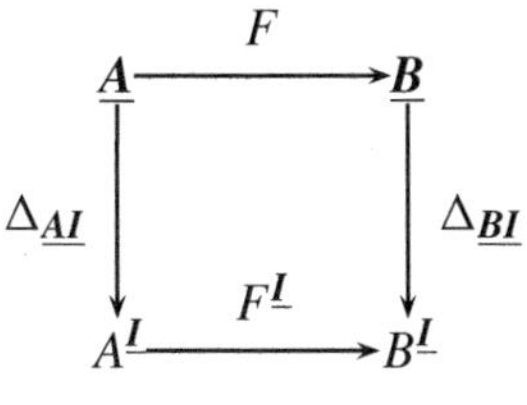

ist nach Definition des Diagonalfunktors 2.56 für alle $i \in I$ kommutativ.
Der Limesfunktor $Lim_{\underline{\mathbf{KI}}}$ ist für jede Kategorie K nach Definition 4.4 rechtsadjungiert zum Diagonalfunktor $\Delta_{\underline{\mathbf{KI}}}$; wir haben also $F^{\underline{I}} \dashv G^{\underline{I}}$ und $\Delta_{\underline{\mathbf{XI}}} \dashv Lim_{\underline{\mathbf{AI}}}$. Weil Kompositionen von Adjunktionen nach Satz 3.12 Adjunktionen sind, ist die Komposition $Lim_{\underline{\mathbf{AI}}} \circ G^{\underline{I}} = G \circ Lim_{\underline{\mathbf{BI}}}\colon \underline{\mathbf{B}}^{\underline{I}} \to \underline{\mathbf{A}}$ rechtsadjungiert zu $F^I \circ \Delta_{\underline{\mathbf{AI}}} =$

$\Delta_{\underline{BI}} \circ F : \underline{\mathbf{A}} \to \underline{\mathbf{B}}^{\underline{I}}$.

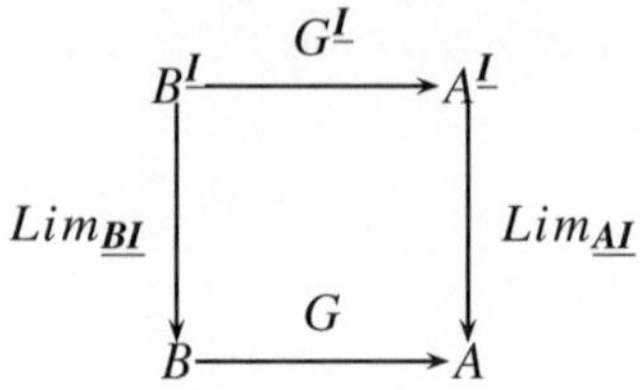

Weil Rechtsadjungierte bis auf natürliche Isomorphie eindeutig bestimmt sind, folgt $Lim_{\underline{AI}} \circ G^I \cong G \circ Lim_{\underline{BI}}$, und damit gilt $Lim_{\underline{BI}} \circ G^{\underline{I}}(D) = Lim_{\underline{BI}}(G \circ D) = G(Lim_{\underline{AI}}(D))$ für jedes Diagramm $D : \underline{\mathbf{I}} \to \underline{\mathbf{A}}$, d.h., G bewahrt Limites, ist also stetig.
b) Dual zu a).

Satz 4.14 (Stetigkeit darstellbarer und kodarstellbarer Funktoren) *Seien $\underline{\mathbf{A}}$ eine Kategorie und A ein Objekt in $\underline{\mathbf{A}}$. Die Funktoren $\underline{\mathbf{A}}(A, -) : A \to \underline{\mathbf{M}}$ und $\underline{\mathbf{A}}(-, A) : A \to \underline{\mathbf{M}}$ sind stetig.*

Beweis Für ein Diagramm $D : \underline{\mathbf{I}} \to \underline{\mathbf{A}}$ sei $L = \lim(D)$ der Limes von D. Sei $\lambda = \{ l_i : L \to D(i) \mid D(m) \circ l_i = l_j \text{ für } m \in \underline{\mathbf{I}}(i, j) \}$ der universelle Morphismus $\lambda : \Delta_{AI}(L) \to D$ in $\underline{\mathbf{A}}^{\underline{I}}$. Dann ist $\underline{\mathbf{A}}(A, \lambda) = \{ \underline{\mathbf{A}}(A, l_i) : \underline{\mathbf{A}}(A, L) \to \underline{\mathbf{A}}(A, D(i)) \mid i \in I \}$ eine natürliche Transformation mit $\underline{\mathbf{A}}(A, D(m)) \circ \underline{\mathbf{A}}(A, l_i) = \underline{\mathbf{A}}(A, D(m)) \circ l_i = \underline{\mathbf{A}}(A, l_j)$.

Sei $\mu = \{ f_i : S \to \underline{\mathbf{A}}(A, D(i)) \}$ eine weitere natürliche Transformation $\Delta_{AI}(S) \to \underline{\mathbf{A}}(A, -) \circ D$ mit $\underline{\mathbf{A}}(A, D(m)) \circ f_i = \underline{\mathbf{A}}(A, f_j)$ für alle $m \in \underline{\mathbf{I}}(i, j)$.

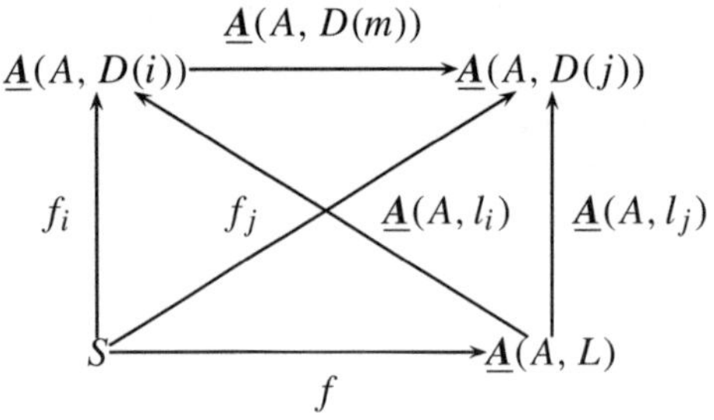

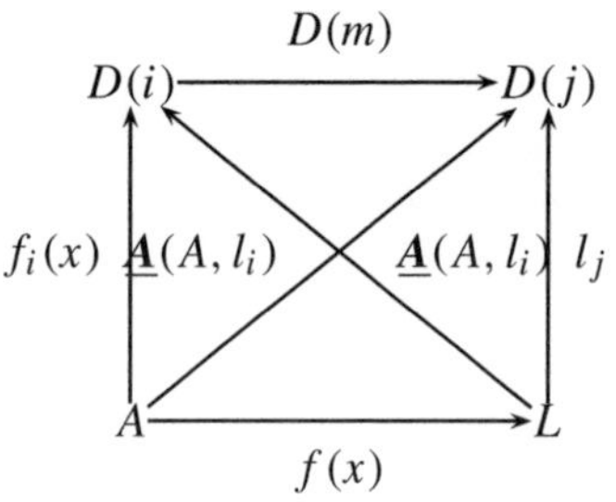

Dann ist $f_i(x) : A \to D(i)$, und $D(m) \circ f_i(x) = \underline{\mathbf{A}}(A, D(m)) \circ f_i(x) = f_j(x)$ für jedes $x \in S$. Folglich ist $\{ f_i(x) : A \to D(i) \} : \Delta_{AI}(A) \to D$, und es gibt genau ein $y_x : A \to L$ mit $f_i(x) = l_i \circ y_x$.

Durch die Festsetzung $y_x = f(x)$ ist also genau eine Abbildung $f : S \to \underline{\mathbf{A}}(A, L)$ definiert mit $\underline{\mathbf{A}}(A, l_i) \circ f(x) = l_i \circ f(x) = l_i(x)) = f_i(x)$ für alle $x \in S$, also $\underline{\mathbf{A}}(A, l_i) \circ f = f_i$.

Damit ist $\underline{\mathbf{A}}(A, \lambda)\colon \Delta_{\underline{\mathbf{A}}\underline{\mathbf{I}}}(\underline{\mathbf{A}}(A, L) \to \underline{\mathbf{A}}(A, -) \circ D$ ein universeller Morphismus, d. h. , $\underline{\mathbf{A}}(A, \lim(D)) = \underline{\mathbf{A}}(A, L) = \lim(\underline{\mathbf{A}}(A, -) \circ D)$, also ist $\underline{\mathbf{A}}(A, -)$ stetig.

Definition 4.8 (Endliche Stetigkeit und Kostetigkeit von Funktoren) Diese Definitionen sind die Einschränkungen der Definition 4.7 von Stetigkeit bzw. Kostetigkeit für den Fall *endlicher* Diagramme.

Lemma 4.1 (Limites bewahren [reguläre] Monomorphismen und Kolimites bewahren [reguläre] Epimorphismen) *Seien $\underline{\mathbf{A}}$ eine vollständige und $\underline{\mathbf{I}}$ eine kleine Kategorie. Dann bewahrt der Limesfunktor $Lim_{AI}\colon \underline{\mathbf{A}}^{\underline{\mathbf{I}}} \to \underline{\mathbf{A}}$ Monomorphismen und reguläre Monomorphismen und der Kolimesfunktor $Kolim_{AI}\colon \underline{\mathbf{A}}^{\underline{\mathbf{I}}} \to \underline{\mathbf{A}}$ bewahrt Epimorphismen und reguläre Epimorphismen.*

Beweis Nach der Definition 4.4 sind Lim_{AI} rechtsadjungiert und $Kolim_{AI}$ linksadjungiert zum Diagonalfunktor Δ_{AI}. Daraus folgt die Behauptung aus dem Satz 4.13.

Definition 4.9 (Lösungsmengen) Seien $\underline{\mathbf{A}}$ und $\underline{\mathbf{B}}$ Kategorien, $F\colon \underline{\mathbf{A}} \to \underline{\mathbf{B}}$ ein Funktor und B ein Objekt in $\underline{\mathbf{B}}$. Dann heißt eine durch eine Menge I indizierte Menge L von Objekten und Morphismen $L = \{\, (A_i, f_i) \mid A_i \in Ob(\underline{\mathbf{A}}),\ f_i \in \underline{\mathbf{B}}(B, F(A_i), i \in I) \,\}$ „F-Lösungsmenge für B", wenn es für jedes Objekt A in $\underline{\mathbf{A}}$ und jeden Morphismus $f\colon B \to F(A)$

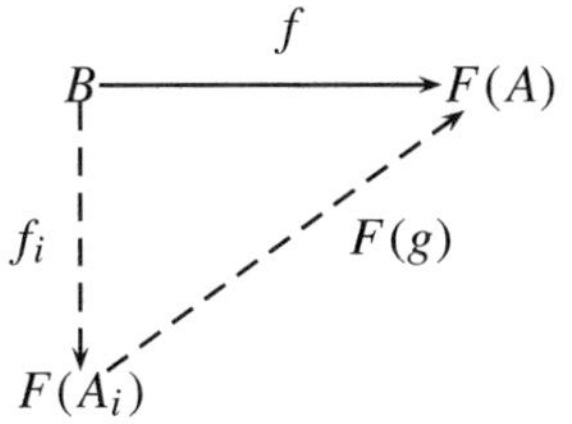

ein Paar $(A_i, f_i) \in L$ und einen Morphismus $g\colon A_i \to A$ mit $F(g) \circ f_i = f$ gibt.

Lemma 4.2 *Seien $\underline{\mathbf{B}}$ und $\underline{\mathbf{A}}$ Kategorien, B ein Objekt in $\underline{\mathbf{B}}$ und A ein Objekt in $\underline{\mathbf{A}}$ und $g\colon A \to G(B)$ ein Morphismus. Dann sind folgende Aussagen äquivalent:*

a) *Für jedes Objekt B' in $\underline{\mathbf{B}}$ und jeden Morphismus $f\colon A \to G(B')$ gibt es genau einen Morphismus $\bar{f}\colon B \to B'$*

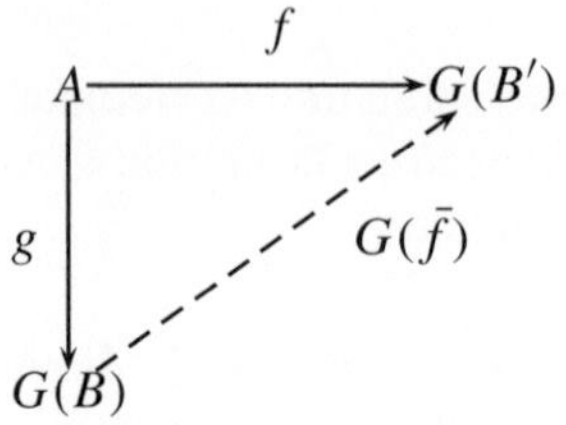

mit $G(\bar{f}) \circ g = f$.

b) $\{(g, B)\}$ *ist eine G-Lösungsmenge für A, und g G-separiert B.*

Beweis Aus a) folgt b): Das obige Diagramm sagt aus, dass $\{(g, B)\}$ eine G-Lösungsmenge für A ist. Aus der Eindeutigkeit von $\bar{f}$ folgt, dass g das Objekt B G-separiert.

Aus b) folgt a): Da $\{(g, B)\}$ eine G-Lösungsmenge ist, gibt es für alle Objekte B' in $\underline{\mathbf{B}}$ und alle Morphismen $f\colon A \to G(B')$ einen Morphismus $\bar{f}\colon B \to B'$ mit $G(\bar{f}) \circ g = f$.

Weil $g\colon A \to G(B)$ das Objekt B G-separiert, folgt $f' = \bar{f}$ aus $G(f') \circ g = G(\bar{f}) \circ g$. Damit ist $\bar{f}$ eindeutig bestimmt.

Satz 4.15 (von Freyd) *Für eine vollständige Kategorie $\underline{\mathbf{B}}$, eine Kategorie $\underline{\mathbf{A}}$ und einen Funktor $G\colon \underline{\mathbf{B}} \to \underline{\mathbf{A}}$ sind folgende Aussagen äquivalent:*

a) *G besitzt einen Linksadjungierten $F \dashv G$.*
b) *G ist stetig, und für jedes Objekt A in $\underline{\mathbf{A}}$ existiert eine G-Lösungsmenge für A.*

Beweis Wir folgen mit dem Beweis dem Buch [1] von Herrlich und Strecker.

Aus a) folgt b): Nach dem Satz 4.13 ist G stetig. Nach dem Korollar 3.1 gibt es zu jedem Morphismus $f\colon A \to G(B)$ einen Morphismus $\bar{f}\colon F(A) \to B$

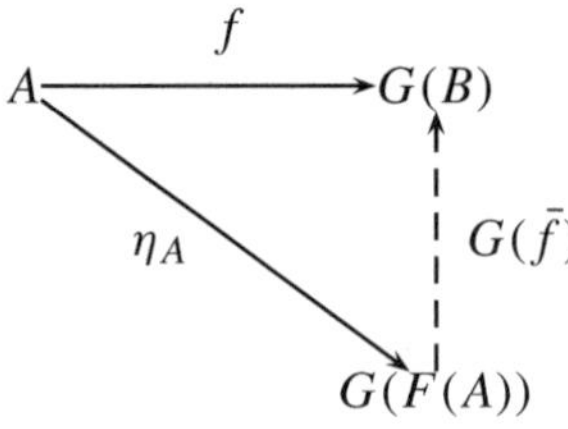

mit $G(\bar{f}) \circ \eta_A = f$. Daher und nach dem Lemma 4.2 ist $\{(\eta_A, F(A))\}$ auch eine G-Lösungsmenge für A.

Aus b) folgt a): Nach dem Korollar 3.1 reicht es zu zeigen, dass es für jedes Objekt A in $\underline{\boldsymbol{A}}$ ein Objekt B_A und einen Morphismus $\eta_A\colon A \to G(B_A)$ derart gibt, dass für jedes Objekt B in $\underline{\boldsymbol{B}}$ und für jeden Morphismus $f\colon A \to G(B)$ genau ein Morphismus $\bar{f}\colon B_A \to B$ mit $G(\bar{f}) \circ \eta_A = f$ existiert.

Seien A ein Objekt in $\underline{\boldsymbol{A}}$ und $L = \{ (B_i, f_i) \mid B_i \in Ob(\underline{\boldsymbol{B}}),\ A \xrightarrow{f_i} B_i,\ i \in I \}$ eine Lösungsmenge für A. Wir betrachten das allgemeine Produkt $\prod_{i \in I} B_i$. Weil G stetig ist, ist $G(\prod_{i\in I} B_i)$ ein Produkt der B_i. Deshalb existiert genau ein Morphismus $f_A\colon A \to G(\prod_{i\in I} B_i)$ mit $G(\pi_i) \circ f_A = f_i$ für alle $i \in I$:

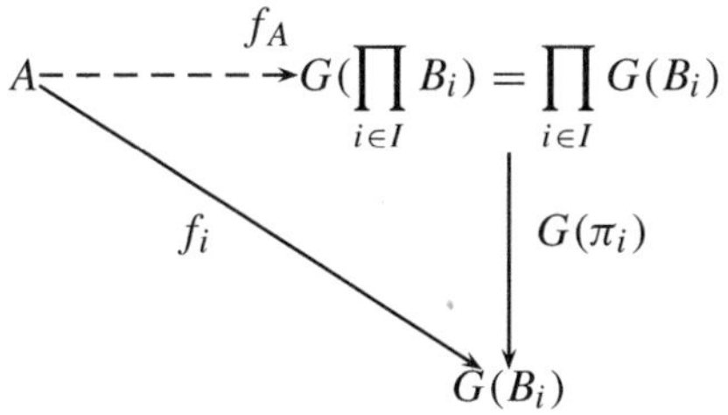

Damit ist $\{ (f_A, \prod_{i\in I} B_i) \}$ eine G-Lösungsmenge für A.

Für $P = \{ g\colon \prod_{i\in I} B_i \to \prod_{i\in I} B_i \mid G(g) \circ f_A = f_A \}$ sei $B_A \xrightarrow{e} \prod_{i\in I} B_i \xrightarrow{p\in P} \prod_{i\in I} B_i$ der allgemeine Egalisator der $p \in P$. G ist stetig; also ist $G(B_A) \xrightarrow{G(e)} G(\prod_{i\in I} B_i) \xrightarrow{G(p)} G(\prod_{i\in I} B_i)$ der allgemeine Egalisator der $G(p)$ für $p \in P$. Folglich gibt es genau einen Morphismus $\eta_A\colon A \to G(B_A)$ mit $G(e) \circ \eta_A = f_A$, sodass das folgende Diagramm für alle $i \in I$ kommutiert:

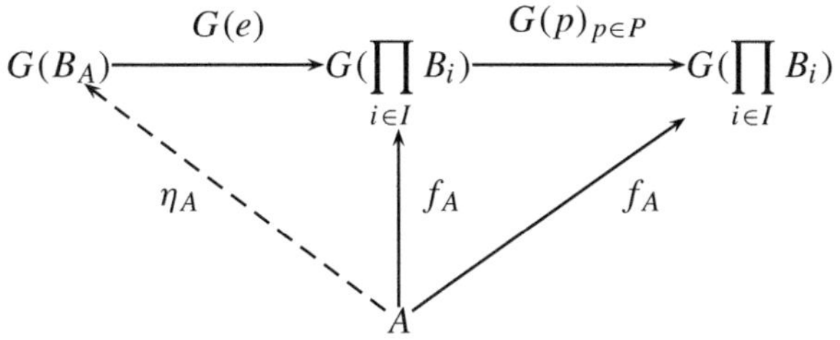

Wir zeigen jetzt, dass $\{ (\eta_A, B_A) \}$ eine G-Lösungsmenge für A ist, also dass für jeden Morphismus $h\colon A \to G(B)$ ein Morphismus $\bar{h}\colon B_A \to B$ mit $G(\bar{h}) \circ \eta_A = h$ existiert.

Da L eine G-Lösungsmenge für A ist, gibt es ein Objekt B' in $\underline{\boldsymbol{B}}$ und einen Morphismus $g\colon B_i \to B'$ mit $G(g) \circ f_i = f$:

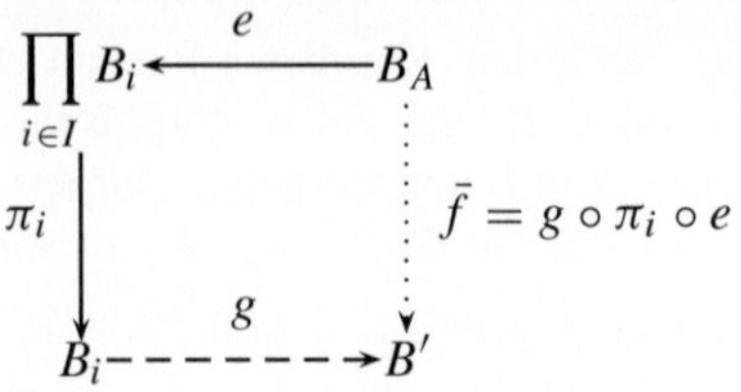

Wegen $G(g) \circ G(\pi_i) \circ G(e) = G(g \circ \pi_i \circ e) = G(\bar{f})$ zeigt das Diagramm,

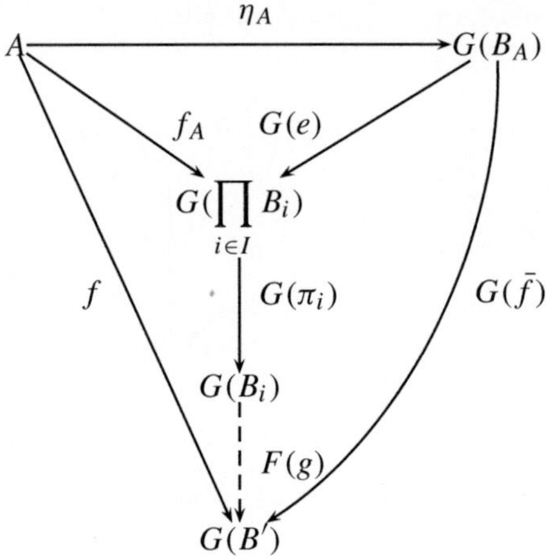

dass für jeden Morphismus $f\colon A \to G(B')$ ein Morphismus $\bar{f}\colon B_A \to B'$

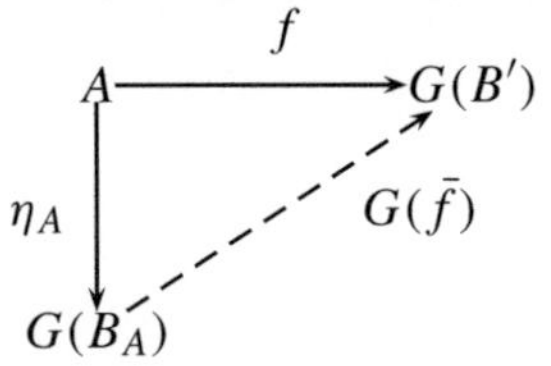

mit $G(\bar{f}) \circ \eta_A = f$ existiert.

(η_A, B_A) ist also eine G-Lösungsmenge für A.

Wir zeigen jetzt, dass η_A das Objekt B_A G-separiert.

Für ein Objekt B_1 in $\underline{\boldsymbol{B}}$ seien $B_A \overset{r}{\underset{s}{\rightrightarrows}} B_1$ Morphismen mit $F(r) \circ \eta_A = F(s) \circ \eta_A$. Sei $e'\colon E \to B_A$ der Egalisator von r und s. Weil G stetig ist, ist $G(e')\colon G(E) \to G(B_A)$ der Egalisator von $G(r)$ und $G(s)$. Folglich gibt es genau

einen Morphismus $h\colon A \to F(E)$

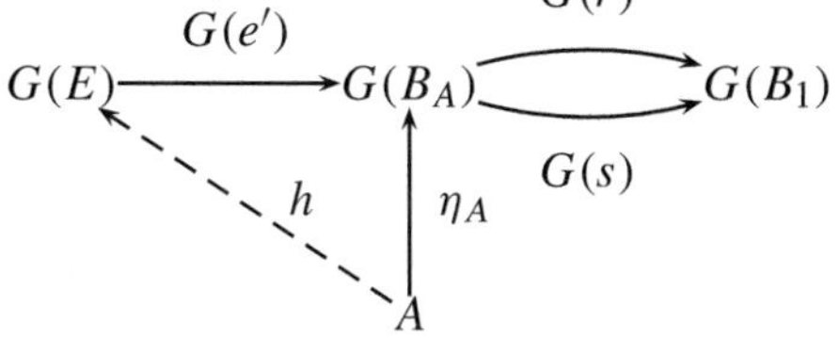

mit $G(e') \circ h = \eta_A$. Weil $\{(f_A, \prod_{i\in I} B_i)\}$ eine G-Lösungsmenge für A ist, gibt es einen Morphismus $\bar{h}\colon \prod_{i\in I} B_i \to E$

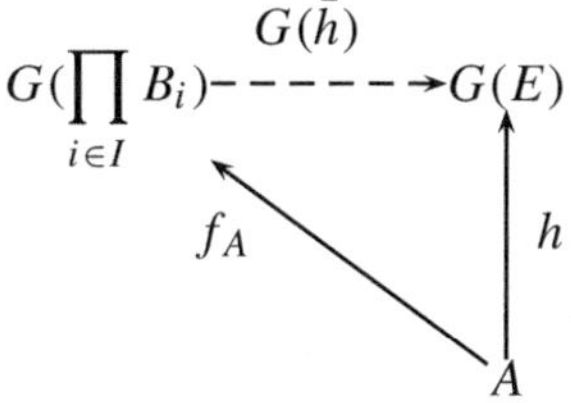

mit $G(\bar{h}) \circ f_A = h$. Die Kombination der obigen kommutativen Diagramme

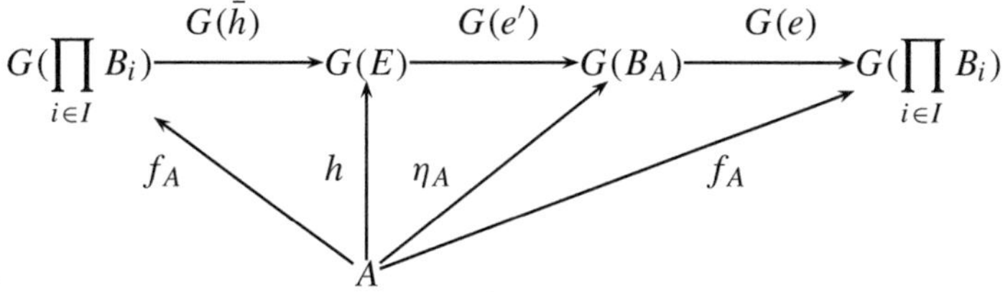

zeigt, dass der Morphismus $e \circ e' \circ \bar{h}$ Element der Menge P ist. Weil $e\colon B_A \to \prod_{i\in I} B_i$ der allgemeine Egalisator der $p \in P$ ist und $id_{\prod_{i\in I} B_i}$ ein Element von P ist, folgt $(e \circ e' \circ \bar{h}) \circ e = e \circ (e' \circ \bar{h} \circ e) = id_{\prod_{i\in I} B_i} \circ e = e \circ id_{B_A}$. Da e als allgemeiner Egalisator ein Monomorphismus ist, folgt $e' \circ \bar{h} \circ e = id_{B_A}$. Damit ist e' ein Retrakt (s. Definition 2.16). Als Egalisator ist e' nach dem Satz 2.17 auch ein Monomorphismus, deshalb nach dem Satz 2.11 ein Isomorphismus. Folglich gilt $r = s$, womit bewiesen ist, dass η_A das Objekt B_A G-separiert.

Nach dem Korollar 3.1 ist damit die Adjunktion $F \dashv G$ mit $F(A) = B_A$ definiert.

Wir zeigen noch einen Satz, ohne ihn zu beweisen:

Satz 4.16 (über adjungierte Funktoren) *Sei* $\underline{\boldsymbol{B}}$ *eine lokal kleine vollständige Kategorie mit einem Koseparator K (s. Definitionen 2.15 und 2.49). Dann sind für jeden Funktor* $G : \underline{\boldsymbol{B}} \to \underline{\boldsymbol{A}}$ *die folgenden Aussagen äquivalent:*

a) *G hat einen Linksadjungierten,*
b) *G ist stetig.*

Literatur

1. Herrlich, H., Strecker, G. E.: Category Theory. Heldermann-Verlag, Berlin (1979) https://doi.org/10.1007/978-1-4612-4962-7_2

Abelsche Kategorien

5

Zusammenfassung

In diesem Kapitel führen wir die abelschen Kategorien ein – eine Abstraktion der Kategorie $\underline{\textbf{\textit{Mod}}}_A$ von Moduln über einem kommutativen Ring A und zeigen einige typische Eigenschaften dieser Kategorien.

Definition 5.1 (Abelsche Kategorien) Eine *abelsche Kategorie* $\underline{\mathbf{A}}$ ist eine Kategorie mit folgenden Eigenschaften:

- $\underline{\mathbf{A}}$ besitzt ein *Nullobjekt* (s. Definition 2.20),
- für je zwei Objekte A und B in $\underline{\mathbf{A}}$ existieren ihr Produkt $A \times B$ und ihre Summe $A + B$,
- jeder Morphismus in $\underline{\mathbf{A}}$ besitzt einen *Kern* und einen *Kokern*,
- für je zwei Objekte A und B in $\underline{\mathbf{A}}$ und jeden *Monomorphismus* $m: A \to B$ gibt es ein Objekt C in $\underline{\mathbf{A}}$ und einen Morphismus $f: B \to C$ mit $m = ker(f)$ und
- für je zwei Objekte A und B in $\underline{\mathbf{A}}$ und jeden *Epimorphismus* $e: A \to B$ gibt es ein Objekt C in $\underline{\mathbf{A}}$ und einen Morphismus $f: C \to A$ mit $e = coker(f)$.

Beispiel 5.1 (für abelsche Kategorien) Das *klassische* Beispiel ist die Kategorie $\underline{\textbf{\textit{Mod}}}_A$ der A-Moduln über einem kommutativen Ring A:

Das Nullobjekt ist der Nullmodul, das Produkt zweier A-Moduln ist ein A-Modul, jeder A-Homomorphismus besitzt einen Kern und einen Kokern, und jeder Monomorphismus ist ein Kern und jeder Epimorphismus ein Kokern.

C. Maurer, *Grundzüge der Kategorientheorie*,
https://doi.org/10.1007/978-3-662-70987-0_5

5.1 Eigenschaften abelscher Kategorien

Satz 5.1 (Abelsche Kategorien sind balanciert) *Seien $\underline{\mathbf{A}}$ eine abelsche Kategorie, A und B Objekte in $\underline{\mathbf{A}}$ und $f: A \to B$ ein Morphismus. Dann sind folgende Bedingungen äquivalent:*

a) *f ist ein Isomorphismus,*
b) *f ist ein Mono- und ein Epimorphismus.*

Beweis Aus a) folgt b): siehe Satz 2.3.

Aus b) folgt a): Sei f sowohl ein Monomorphismus als auch ein Epimorphismus. Als Monomorphismus ist f nach Definition 5.1 ein Kern, also ein regulärer Monomorphismus (s. Definition 2.24). Nach dem Lemma 2.9 ist f damit ein Isomorphismus.

Satz 5.2 (Produkte abelscher Kategorien) *Für je zwei abelsche Kategorien $\underline{\mathbf{A}}$ und $\underline{\mathbf{B}}$ ist auch ihre Produktkategorie $\underline{\mathbf{A}} \times \underline{\mathbf{B}}$ abelsch.*

Beweis $(\mathbf{0}_{\underline{\mathbf{A}}}, \mathbf{0}_{\underline{\mathbf{B}}})$ ist ein *Nullobjekt* in $\underline{\mathbf{A}} \times \underline{\mathbf{B}}$.

Das *Produkt* von (A, B) und (A', B') in $\underline{\mathbf{A}} \times B$ ist $(A \times A', B \times B')$, und die *Summe* von (A, B) und (A', B') ist $(A + A', B + B')$.

Der *Kern* von $(f, g)\colon (A, B) \to (A', B')$ ist $(K, K')\colon (m, m') \to (A, B)$, wobei $m = ker(f, g)$ und $m' = ker(f', g')$ sind.

Der *Kokern* von $(f, g)\colon (A, B) \to (A', B')$ ist $(K, K')\colon (e, e') \to (A', B')$, wobei $k = ker(f, g)$ und $e' = coker(f', g')$ sind.

Für einen Monomorphismus $(m, m')\colon (A, B) \to (A', B')$ sind nach Satz 2.38 $m\colon A \to A'$ und $m'\colon B \to B'$ Monomorphismen. Also gibt es Objekte A'' und B'' und Morphismen $f\colon A' \to A''$ und $g\colon B' \to B''$ mit $m = ker(f)$ und $m' = ker(g)$. Dann gilt $(m, m') = ker(f, g)$, was sofort aus der komponentenweisen Komposition von Morphismen folgt.

Entsprechend gibt es für jeden Epimorphismus $(e, e')\colon (A, B) \to (A', B')$ Objekte A'' und B'' und Morphismen $f\colon A'' \to A$ und $g\colon B'' \to B$ mit $(e, e') = koker(f, g)$.

Lemma 5.1 (Epimorphie der Projektionen) *Seien $\underline{\mathbf{A}}$ eine abelsche Kategorie und A und B Objekte in $\underline{\mathbf{A}}$. Dann sind die Projektionen $\pi_A\colon A \times B \to A$ und $\pi_B\colon A \times B \to B$ Epimorphismen.*

Beweis Wenn B das Nullobjekt ist, ist die Aussage für π_A trivial, weil in diesem Fall $\pi_A\colon A \times B \to A = \pi_A\colon A \times 0 \to A \cong \pi_A\colon A \to A = id_A\colon A \to A$ gilt.

Für den Morphismus $(id_A, 0)\colon A \to A \times B$ gilt $\pi_A \circ (id_A, 0) = id_A$; für ein Objekt C in $\underline{\mathbf{A}}$ und Morphismen $f\colon A \to C$ und $g\colon A \to C$ folgt damit $f = g$ aus $\pi_A \circ f = \pi_A \circ g$ durch Komposition mit diesem Morphismus.

Lemma 5.2 (Monomorphie der Injektionen) *Seien $\underline{\mathbf{A}}$ eine abelsche Kategorie und A und B Objekte in $\underline{\mathbf{A}}$. Dann sind die Projektionen $\pi_A : A \times B \to A$ und $\pi_B : A \times B \to B$ Epimorphismen.*

Beweis Dual zum Beweis des vorigen Lemmas.

5.1.1 Faktorisierung von Morphismen

Lemma 5.3 *Seien $\underline{\mathbf{A}}$ eine abelsche Kategorie, A, B und C Objekte in $\underline{\mathbf{A}}$, $e : A \to B$ ein Epimorphismus und $f : B \to C$ ein Morphismus mit $f \circ e = \mathbf{0}_{AC}$. Dann gilt $f = \mathbf{0}_{BC}$.*

Beweis Da $\underline{\mathbf{A}}$ eine abelsche Kategorie ist, gibt es ein Objekt D in $\underline{\mathbf{A}}$ und einen Morphismus $g : D \to A$ mit $e = coker(g)$ (also $e \circ g = \mathbf{0}_{DB}$).

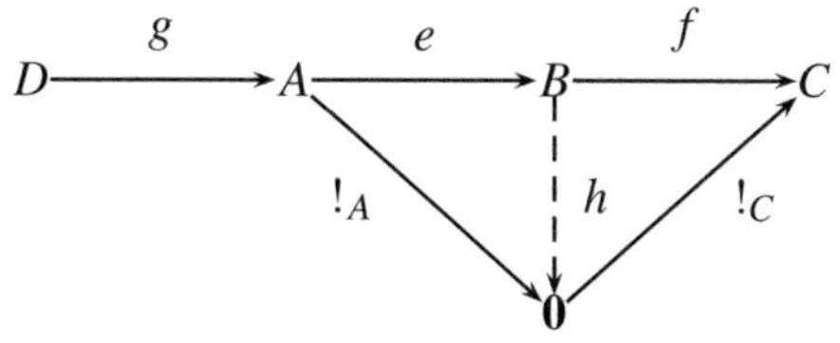

Wegen $f \circ e = \mathbf{0}_{AC} = !_C \circ !_A$ existiert dann genau ein Morphismus $h : B \to \mathbf{0}$ mit $h \circ e = !_A$. Daraus folgt $!_C \circ !_A = !_C \circ h \circ e = f \circ e$, und damit $!_C \circ h = f$, weil e ein Epimorphismus ist. Folglich gilt $f = \mathbf{0}_{BC}$.

Satz 5.3 (Faktorisierungssatz) *Seien $\underline{\mathbf{A}}$ eine abelsche Kategorie, A und B Objekte in $\underline{\mathbf{A}}$ und $f : A \to B$ ein Morphismus. Dann existieren ein Objekt C in $\underline{\mathbf{A}}$, ein Epimorphismus $e : A \to C$ und ein Monomorphismus $m : C \to B$ mit $m \circ e = f$. C ist bis auf Isomorphie eindeutig bestimmt.*

Beweis Seien $k : B \to D = coker(f)$ (also $k \circ f = 0$) und $m : C \to B = ker(k)$ (also auch $k \circ m = 0$). Dann gibt es genau einen Morphismus $e : A \to C$ mit $m \circ e = f$.

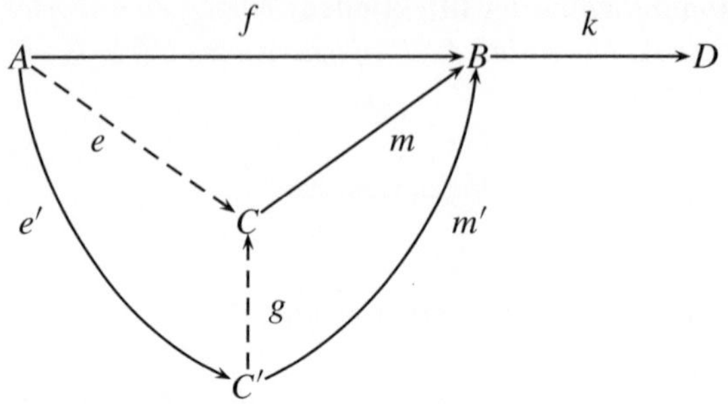

Wenn C' ein Objekt in $\underline{\mathbf{A}}$, $e'\colon A \to C'$ ein Epimorphismus und $m'\colon C' \to B$ ein Monomorphismus mit $m' \circ e' = f$ sind, gilt $k \circ m' \circ e' = k \circ f = 0$. Nach dem vorigen Lemma 5.3 folgt $m' \circ k = 0$. Daher gibt es genau einen Morphismus $g\colon C' \to C$ mit $m \circ g = m'$. Es folgt $m' \circ e' = f = m \circ e = m \circ g \circ e'$ und daraus $g \circ e' = e$, weil m ein Monomorphismus ist.

Nach dem Kürzungslemma 2.5 ist g ein Epimorphismus und ein Monomorphismus; nach dem vorigen Satz 5.1 ist g damit ein Isomorphismus.

5.1.2 Biprodukte

Definition 5.2 (von Biprodukten) Seien $\underline{\mathbf{A}}$ eine abelsche Kategorie und A und B und P Objekte in $\underline{\mathbf{A}}$. Dann heißt ein Objekt P in $\underline{\mathbf{A}}$ „Biprodukt" von A und B, wenn es Morphismen $i_A\colon A \to P$, $p_A\colon P \to A$, $i_B\colon B \to P$ und $p_B\colon P \to B$ gibt, für die die Diagramme

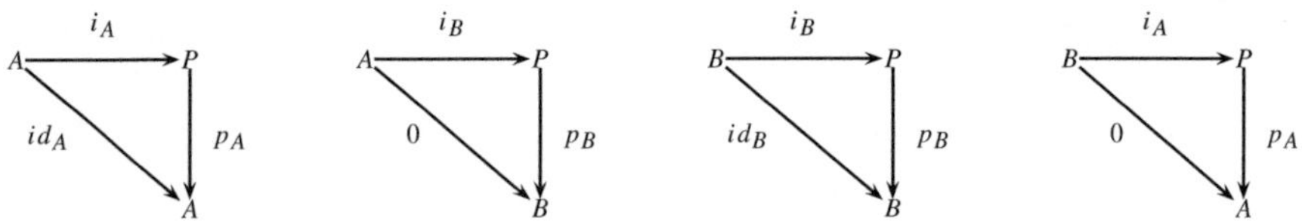

kommutieren.

Satz 5.4 (Produkte und Biprodukte) *Seien $\underline{\mathbf{A}}$ eine abelsche Kategorie und A und B Objekte in $\underline{\mathbf{A}}$. Dann sind folgende Aussagen äquivalent:*

a) *Für je zwei Objekte A und B in $\underline{\mathbf{A}}$ existiert das Produkt $A \times B$.*
b) *Je zwei Objekte A und B in $\underline{\mathbf{A}}$ haben ein Biprodukt.*

Beweis Aus a) folgt b): Seien A und B Objekte in $\underline{\mathbf{A}}$ und $A \times B$ das Produkt von A und B mit den Projektionen $\pi_A\colon A \times B \to A$ und $\pi_B\colon A \times B \to B$.

Dann existieren wegen der universellen Eigenschaft von Produkten ein eindeutig bestimmter Morphismus $i_A\colon A \to A \times B$ mit $\pi_A \circ i_A = id_A$ und $\pi_B \circ i_A = 0$ und ein eindeutig bestimmter Morphismus $i_B\colon B \to A \times B$ mit $\pi_B \circ i_B = id_B$ und $\pi_A \circ i_B = 0$. Daraus folgen $\pi_A \circ (i_A \circ \pi_A + i_B \circ \pi_B) = \pi_A \circ i_A \circ \pi_A + \pi_A \circ i_B \circ \pi_B =$

π_A und $\pi_B \circ (i_A \circ \pi_A + i_B \circ \pi_B) = \pi_B \circ i_A \circ \pi_A + \pi_B \circ i_B \circ \pi_B = \pi_B$. Folglich gilt $i_A \circ \pi_A + i_B \circ \pi_B \colon A \times B \to A \times B = id_{A \times B}$.

Das Produkt mit den Morphismen π_A, π_B, i_A und i_B ist somit ein Biprodukt, für das $\pi_A \circ i_A = id_A, \pi_2 \circ i_2 = id_B, i_A \circ \pi_A + i_B \circ \pi_B = id_P$ gelten.

Aus b) folgt a): Seien $i_A \colon A \to P$, $p_A \colon P \to A$, $i_B \colon B \to P$ und $p_B \colon P \to B$ Morphismen mit $p_A \circ i_A = id_A$, $p_B \circ i_B = id_B$ und $i_A \circ p_A + i_B \circ p_B = id_P$. Dann gilt $p_A \circ i_B = p_A \circ (i_A \circ p_A + i_B \circ p_B) \circ i_B = p_A \circ (i_A \circ p_A \circ i_B + p_A \circ i_B \circ p_B) \circ i_B = p_A \circ i_B + p_A \circ i_B$, woraus durch Subtraktion $p_A \circ i_B = 0$ und aus Symmetriegründen $p_B \circ i_A = 0$ folgen.

Seien C ein Objekt in $\underline{\mathbf{A}}$ und $f \colon C \to A$ und $g \colon C \to B$ Morphismen.

Für die Summe $h = i_A \circ f + i_B \circ g \colon C \to P$ gelten dann $p_A \circ h = p_A \circ (i_A \circ f + i_B \circ g) = p_A \circ i_A \circ f + p_A \circ i_B \circ g = f$ und $p_B \circ h = p_B \circ (i_A \circ f + i_B \circ g) = p_B \circ i_A \circ f + p_B \circ i_B \circ g = g$.

Für Morphismen $k \colon C \to P$ mit $p_A \circ k = f$ und $p_B \circ k = g$ gilt $k = (i_A \circ p_A + i_B \circ p_B) \circ k = i_A \circ p_A \circ k + i_B \circ p_B \circ k = i_A \circ f + i_B \circ g = h$, d.h., es gibt genau einen Morphismus $h \colon C \to P$ mit $p_A \circ h = f$ und $p_B \circ h = g$.

Folglich ist P ein Produkt mit den Morphismen $p_A \colon P \to A$ und $p_B \colon P \to B$ als Projektionen.

Satz 5.5 (Eindeutigkeit von Biprodukten) *In einer abelschen Kategorie $\underline{\mathbf{A}}$ ist das Biprodukt zweier Objekte A und B in $\underline{\mathbf{A}}$ bis auf Isomorphie eindeutig bestimmt.*

Beweis Für jedes Biprodukt A von A und B gilt $Q = A \times B$.

5.1.3 Direkte Summen

Satz 5.6 (Beziehung zwischen Produkt und Summe) *Seien $\underline{\mathbf{A}}$ eine abelsche Kategorie und A und B Objekte in $\underline{\mathbf{A}}$. Dann sind das Produkt $A \times B$ und die Summe $A + B$ isomorph.*

*Wir nennen dieses Objekt die „*direkte Summe *von A und B“ und bezeichnen sie mit $A \oplus B$.*

Beweis Weil eine abelsche Kategorie $\underline{\mathbf{A}}$ nach Definition 5.1 für je zwei Objekte A und B in $\underline{\mathbf{A}}$ ihr Produkt $A \times B$ hat, hat sie nach dem Satz 5.4 auch ihr Biprodukt, das mit dem Produkt übereinstimmt.

Für Objekte A und B in $\underline{\mathbf{A}}$ und Morphismen $f \colon A \to A'$ und $g \colon B \to B'$ können wir einen Morphismus $f \oplus g \colon A \times B \to A' \times B'$ wie bei einem Produkt durch das Diagramm

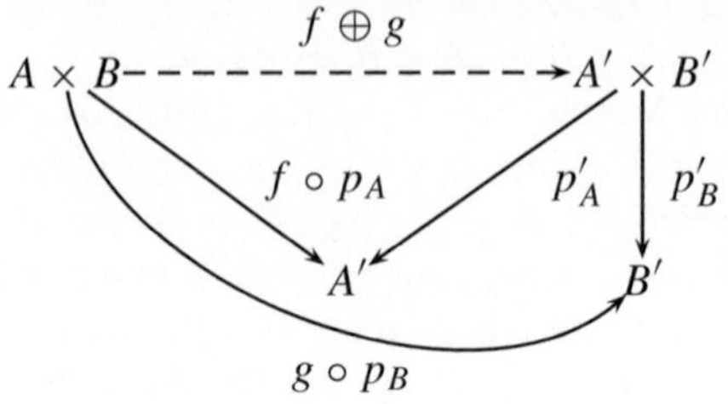

mit p'_A und p'_B als Projektionen und – alternativ – wie bei einem Koprodukt durch das Diagramm

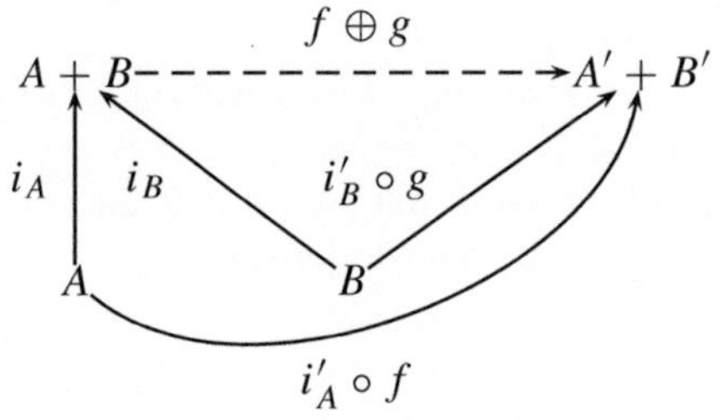

mit i'_A und i'_B als Injektionen definieren.

Aus der Kommutativität des oberen Diagramms folgen $p_{A'} \circ (f \oplus g) \circ (id_A, 0) = f$ und $p_{B'} \circ (f \oplus g) \circ (id_B, 0) = g$ für die erste Definition von $f \oplus g$ und aus der Kommutativität des unteren Diagramms folgen $(id_{A'i}, 0) \circ (f \oplus g) \circ i_A = f$ und $(id_{B'}, 0) \circ (f \oplus g) \circ i_B = g$ für die alternative Definition.

Folglich stimmen diese beiden Definitionen überein.

Seien $h\colon A + B \to A \times B$ der durch das Diagramm

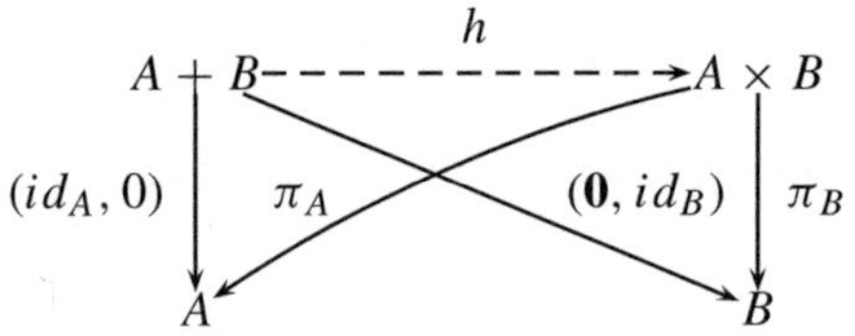

definierte eindeutig bestimmte Morphismus und $k\colon A \times B \to A + B$ der durch das Diagramm

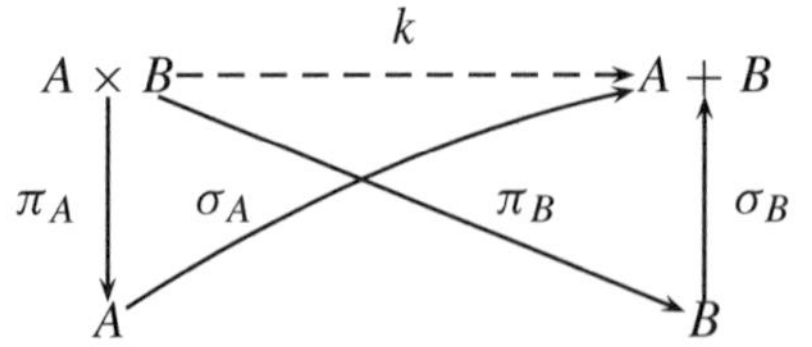

definierte eindeutig bestimmte Morphismus.

Es gelten $k \circ h = id_{A+B}$,

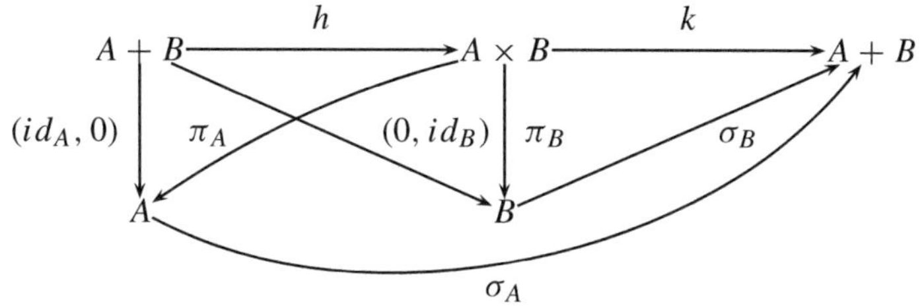

und $h \circ k = id_{A \times B}$:

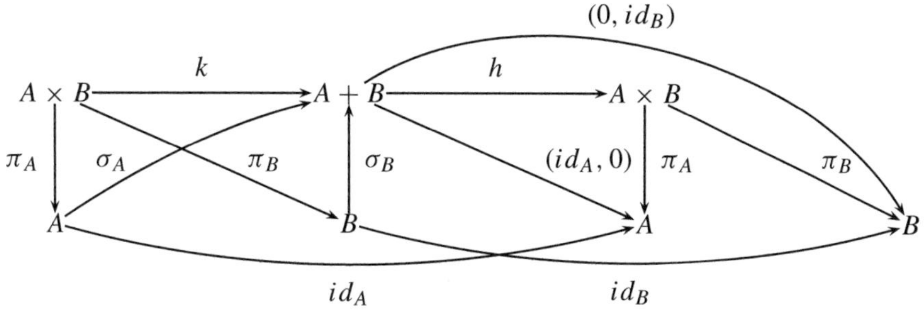

Damit gilt $A \times B \cong A + B$ für alle Objekte A und B in $\underline{\mathbf{A}}$.

5.1.4 Additive Struktur der Morphismenmengen

Definition 5.3 (Addition von Morphismen) Seien $\underline{\mathbf{A}}$ eine abelsche Kategorie, A und B Objekte in $\underline{\mathbf{A}}$ und $f\colon A \to B$ und $g\colon A \to B$ Morphismen. Wir definieren

- $f +_L g\colon \underline{\mathbf{A}}(A, B) \to \underline{\mathbf{A}}(A, B)$ als Komposition $A \xrightarrow{\delta_A} A \oplus A \xrightarrow{s_A} B$ und
- $f +_R g\colon \underline{\mathbf{A}}(A, B) \to \underline{\mathbf{A}}(A, B)$ als Komposition $A \xrightarrow{\delta_A} B \oplus B \xrightarrow{s_B} B$, wobei

$\delta_A\colon\ A \to A \oplus A = (id_A, id_A)\colon\ A \to A + A$ und $s_A\colon\ A \oplus A \to A = (id_A, id_A)\colon A \times A \to A$ sind.

Ab jetzt schreiben wir nur „0" für jeden Nullmorphismus $\mathbf{0}_{AB}\colon A \to B$.

Lemma 5.4 *Seien $\underline{\mathbf{A}}$ eine abelsche Kategorie, A und B Objekte in $\underline{\mathbf{A}}$, $f\colon A \to B$ ein Morphismus und $0\colon A \to B$ der Nullmorphismus. Dann gelten $f +_L 0 = f = 0 +_L f$ und $f +_R 0 = f = 0 +_R f$.*

Beweis Nach Definition 5.3 gelten sowohl $A \xrightarrow{f+_L 0} B = A \xrightarrow{\delta_A} A \oplus A \xrightarrow{(f,0)} B = A \xrightarrow{f} B$ als auch $A \xrightarrow{0+_L f} B = A \xrightarrow{\delta_A} A \oplus A \xrightarrow{(0,f)} B = A \xrightarrow{f} B$ sowie $A \xrightarrow{f+_R 0} B = A \xrightarrow{(f,0)} B \oplus B \xrightarrow{(id_B, id_B)} B = A \xrightarrow{f} B$ und $A \xrightarrow{0+_R f} B = A \xrightarrow{(0,f)} B \oplus B \xrightarrow{(id_B, id_B)} B = A \xrightarrow{f} B$.

Das folgende Ergebnis geben wir an, ohne es zu beweisen:

Lemma 5.5 (über die Addition) *Die Operationen $+_L$ und $+_R$ stimmen überein.*

Satz 5.7 (über die Morphismenmengen) *Für je zwei Objekte A und B in einer abelschen Kategorie $\underline{\mathbf{A}}$ ist $(\underline{\mathbf{A}}(A, B), +, 0)$ eine abelsche Gruppe.*

Beweis Für $f\colon A \to B$ betrachten wir $((id_A, 0), (f, id_B))\colon A \oplus A \to A \oplus B$.

Sei $K \xrightarrow{(a,b)} A \oplus B$ der Kern dieses Morphismus.

Dann gelten $0 = K \xrightarrow{(a,b)} A \oplus B \xrightarrow{(id_A,0)(f,id_B)} A \oplus B = K \xrightarrow{(a, f \circ a+b)} A \oplus B$ und $a = 0$ und $b = 0$. Daher ist $((id_A, 0), (f, id_B))$ ein Monomorphismus; dual dazu auch ein Epimorphismus.

Sein Inverses hat die Form $((id_A, 0), (g, id_B))$ hat, wobei $f + g = 0$ ist.

5.2 Endliche Limites

Satz 5.8 (Existenz von Egalisatoren und Koegalisatoren) *Seien $\underline{\mathbf{A}}$ eine abelsche Kategorie, A und B Objekte in $\underline{\mathbf{A}}$ und $f\colon A \to B$ und $g\colon A \to B$ Morphismen. Dann existieren der Egalisator $eg(f, g)$ und der Koegalisator $koeg(f, g)$ von f und g.*

Beweis Für den Egalisator von f und Rg gilt $eg(f, g) = ker(f - g)$ und für den Koegalisator gilt $coeg(f, g) = coker(f - g)$.

Satz 5.9 *Kern und Kokern sind inverse Funktionen.*

Beweis Seien A eine abelsche Kategorie, A und B Objekte in $\underline{\mathbf{A}}$ und $m\colon A \to B$ ein Monomorphismus. Nach Definition 5.1 gibt es ein Objekt C in $\underline{\mathbf{A}}$ und einen Morphismus $f\colon B \to C$ mit $m = ker(f)$.

Seien $g\colon B \to E = coker(m)$ und $k\colon D \to B = ker(g)$.

Wegen $A \xrightarrow{m} B \xrightarrow{f} C = 0$ gibt es einen Morphismus $h\colon E \to C$, der das kommutative Diagramm

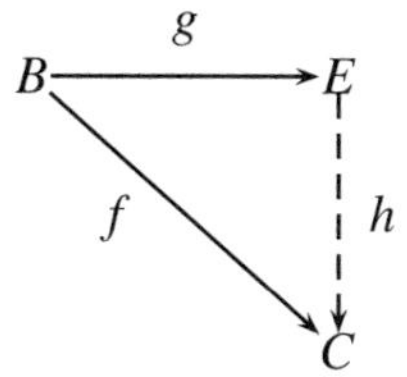

liefert, weil g der Kokern von m ist. Wegen $A \xrightarrow{m} B \xrightarrow{g} E = 0$ gibt es einen Morphismus $a\colon A \to D$ so, dass

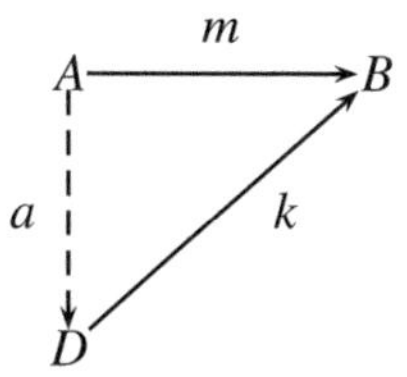

kommutiert, weil k der Kern von g ist. Wegen $D \xrightarrow{k} B \xrightarrow{f} C = 0$ gibt es einen Morphismus $d\colon D \to A$ so, dass

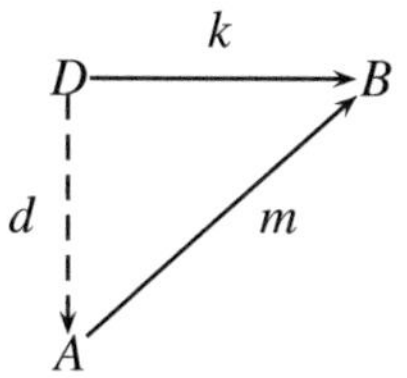

kommutiert, weil m der Kern von f ist.

Folglich sind die durch $m\colon A \to B$ und $k\colon D \to B$ repräsentierten Unterobjekte ineinander enthalten und daher gleich. Somit gilt $k = ker(g) = ker(coker(m)) = ker(coker(k))$. Da m beliebig gewählt war, gilt das für *alle* k.

Der Beweis, dass $coker(ker(f)) = f$ für alle Morphismen f gilt, verläuft dual dazu (man starte mit einem Epimorphismus $e\colon A \to B$).

Satz 5.10 (Existenz von Bildern und Kobildern) *Seien $\underline{\mathbf{A}}$ eine abelsche Kategorie, A und B Objekte in $\underline{\mathbf{A}}$ und $f\colon A \to B$ ein Morphismus. Dann existieren das Bild $img(f)$ von f und das Kobild $coimg(f)$, und es gelten $img(f) = ker(coker(f))$ und $coimg(f) = coker(ker(f))$.*

Beweis Sei $me\colon A \to C \to B$ eine nach dem Satz 5.3 existierende Epi-mono-Faktorisierung von f. Wegen der Eindeutigkeit dieser Faktorisierung erfüllt sie genau die Bedingungen der Definition 2.13 von Bildern.

Der Beweis der Existenz von Kobildern verläuft dual dazu.

Satz 5.11 (Charakterisierung von Epimorphismen durch Bilder) *Seien $\underline{\mathbf{A}}$ eine abelsche Kategorie, A und B Objekte in $\underline{\mathbf{A}}$ und $f: A \to B$ ein Morphismus. Dann sind folgende Aussagen äquivalent:*

a) *f ist ein Epimorphismus,*
b) $img(f) = B$.

Beweis Aus a) folgt b): unmittelbare Folgerung aus der Definition 2.13 von Bildern.

Aus b) folgt a): gelte $A \xrightarrow{f} B \xrightarrow{g} C = A \xrightarrow{f} B \xrightarrow{h} C$. Sei $m: E \to B$ der Egalisator von f und g. Dann gibt es einen Morphismus $e: A \to E$ mit $f = m \circ e$, und E enthält nach der Definition von Bildern 2.13 das Bild von f.

Deswegen gilt $eg(f, g) = B$, und somit $f = g$.

Lemma 5.6 *Seien $\underline{\mathbf{A}}$ eine abelsche Kategorie, A und B Objekte in $\underline{\mathbf{A}}$ und $f: A \to B$ ein Morphismus. Dann ist $A \to img(f)$ ein Epimorphismus.*

Beweis Wenn $coker(A \to img(f)) \neq 0$ gälte, würde $A \to img(f)$ über ein *echtes* Unterobjekt von $img(f)$ faktorisieren, was der Definition 2.13 von $img(f)$ widerspricht.

Satz 5.12 (Charakterisierung von Monomorphismen durch Kobilder) *$f: A \to B$ ist genau dann ein Monomorphismus, wenn $coimg(f) = A$ gilt, und daher, wenn $ker(f) = 0$ gilt.*

Beweis Dual zum Beweis von Satz 5.11.

Lemma 5.7 *$coimg(f) \to$ ist ein Monomorphismus.*

Beweis Dual zum Beweis von Lemma 5.6.

Satz 5.13 (Existenz von Pullbacks und Pushouts) *Seien $\underline{\mathbf{A}}$ eine abelsche Kategorie, A, B und C Objekte in $\underline{\mathbf{A}}$.*

a) *Seien $f: A \to C$ und $g: B \to C$ Morphismen.*

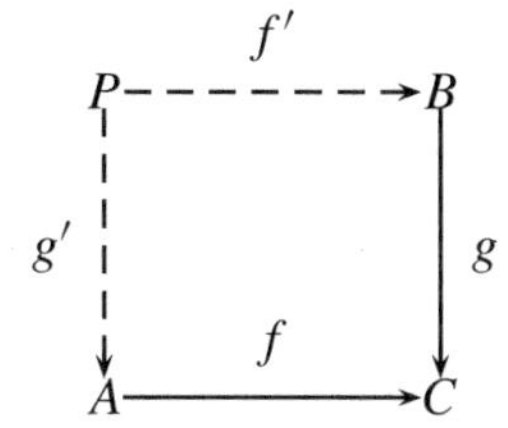

Dann existiert das Pullback P von f und g.

b) *Seien $f: C \to A$ und $g: C \to B$ Morphismen.*

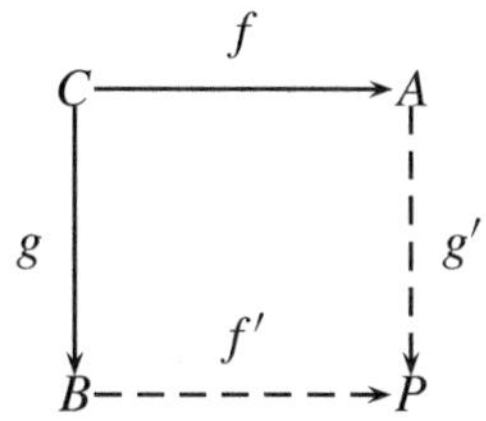

Dann existiert das Pushout P von f und g.

Beweis

a) Siehe Beweis des Lemmas 2.12.
b) Dual zum Beweis von a).

5.3 Exakte Sequenzen

Definition 5.4 (Exakte Sequenzen) Seien $\underline{\mathbf{A}}$ eine abelsche Kategorie, A, B und C Objekte in $\underline{\mathbf{A}}$ und $f: A \to B$ und $g: B \to C$ Morphismen. Dann heißt die Sequenz $A \xrightarrow{f} B \xrightarrow{g} C$ *exakt*, wenn $img(f) = ker(g)$ gilt.

Der Einfachheit halber bezeichnen wir im Folgenden für jedes Objekt A in einer abelschen Kategorie $\underline{\mathbf{A}}$ die Morphismen $!_A: \mathbf{0} \to A$ und $!_A: A \to \mathbf{0}$ nur mit „!".

Lemma 5.8 (über exakte Sequenzen) *Seien $\underline{\mathbf{A}}$ eine abelsche Kategorie und A, B und C Objekte in $\underline{\mathbf{A}}$.*

a) $\mathbf{0} \xrightarrow{!} A \xrightarrow{f} B$ *ist genau dann exakt, wenn f ein Monomorphismus ist.*
b) $B \xrightarrow{g} C \xrightarrow{!} \mathbf{0}$ *ist genau dann exakt, wenn g ein Epimorphismus ist.*
c) $\mathbf{0} \xrightarrow{!} A \xrightarrow{f} B \xrightarrow{g} C$ *ist genau dann exakt, wenn $f = ker(g)$ gilt.*
d) $A \xrightarrow{f} B \xrightarrow{g} C \xrightarrow{!} \mathbf{0}$ *ist genau dann exakt, wenn $g = coker(f)$ gilt.*
e) $\mathbf{0} \xrightarrow{!} A \xrightarrow{f} B \xrightarrow{!} \mathbf{0}$ *ist genau dann exakt, wenn f ein Isomorphismus ist.*

Beweis

a) $\mathbf{0} \xrightarrow{!} A \xrightarrow{f} B$ ist genau dann exakt, wenn $img(!) = \mathbf{0} = ker(f)$ gilt. Seien C ein Objekt in $\underline{\mathbf{A}}$ $h\colon C \to A$ und $k\colon C \to A$ Morphismen mit $f \circ h = f \circ k$. Dann ist $h - k\colon C \to A$ ein Morphismus mit $f \circ (h - k) = 0$. Für $! \xrightarrow{0} A = ker(f) = 0$ existiert genau *ein* Morphismus $j\colon C \to \mathbf{0}$ mit $! \circ j = h - k$. Wegen $h = 0$ folgt $h - k = 0$, und damit $h = k$, d. h., f ist ein Monomorphismus.

Sei umgekehrt f ein Monomorphismus. Wir zeigen, dass dann $! \xrightarrow{0} A = ker(f)$ gilt. Seien $h\colon C \to A$ und $k\colon C \to A$ Morphismen mit $f \circ h = f \circ k = 0$, also $m \circ (h - k) = 0$. Da f ein Monomorphismus ist, folgt $h = k$, also $h - k\colon C \to A = 0$, d. h., $h - k$ faktorisiert über $\mathbf{0}$. Da $\mathbf{0}$ als Nullobjekt ein terminales Objekt ist, ist $h - k$ eindeutig bestimmt.

b) Dual zu a).

c) $\mathbf{0} \xrightarrow{!} A \xrightarrow{f} B \xrightarrow{g} C$ ist genau dann exakt, wenn $img(!) = 0 = ker(f)$ und $img(f) = ker(g)$ gelten. Nach der Definition 2.13 von Bildern gilt $img(f) = f$, weil f nach a) wegen $ker(f) = 0$ ein Monomorphismus ist; folglich gilt $f = ker(g)$.

Wenn umgekehrt $f = ker(g)$ ist, gelten entsprechend $f = img(f)$ (also ist f monomorph, und somit $ker(f) = 0$) und $img(f) = ker(g)$.

d) Dual zu c).

e) $\mathbf{0} \xrightarrow{!} A \xrightarrow{f} B \xrightarrow{!} \mathbf{0}$ ist genau dann exakt, wenn $img(!) = 0 = ker(f)$ und $img(f) = ker(!) = B$ gelten, d. h., f ist monomorph und epimorph. Nach dem Satz 5.1 ist das genau dann der Fall, wenn f ein Isomorphismus ist.

Definition 5.5 (Kurze exakte Sequenzen) Seien $\underline{\mathbf{A}}$ eine abelsche Kategorie, A, B und C Objekte in $\underline{\mathbf{A}}$, $\mathbf{0}$ das Nullobjekt in $\underline{\mathbf{A}}$ und $f\colon A \to B$ und $g\colon B \to C$ Morphismen. Dann heißt das Diagramm

$$\mathbf{0} \longrightarrow A \xrightarrow{f} B \xrightarrow{g} C \longrightarrow \mathbf{0}$$

eine *kurze exakte Sequenz,* wenn sie an *jeder* Stelle exakt ist, d. h., wenn

- $ker(f) = 0$, d. h. f ein Monomorphismus ist,
- $img(f) = ker(g)$ gilt und
- $img(g) = 0$, d. h. g ein Epimorphismus ist.

In diesem Fall gelten nach Lemma 5.8 c) $f = ker(g)$ und $g = coker(f)$:

Satz 5.14 (Standardsequenz) *Seien $\underline{\mathbf{A}}$ eine abelsche Kategorie, A und B Objekte in $\underline{\mathbf{A}}$, $\mathbf{0}$ das Nullobjekt in $\underline{\mathbf{A}}$ und $A \oplus B$ mit der Injektion $\sigma_A\colon A \to A \oplus B$ und der Projektion $\pi_B\colon A \oplus B \to \mathbf{0}$ die direkte Summe von A und B.*

Dann ist die Sequenz $\mathbf{0} \xrightarrow{!} A \xrightarrow{\sigma_A} A \oplus B \xrightarrow{\pi_B} B \xrightarrow{!} \mathbf{0}$ exakt.

Beweis Es gilt $img(!) = 0 = ker(\sigma_A)$, denn $\sigma_A : A \to A \oplus B$ ist monomorph, weil die Komposition $\pi_A \circ \sigma_A = id_A$ monomorph ist.

Es gilt $A \oplus B \xrightarrow{\pi_B} B = koker(\sigma_A)$: Sei $(a, b)\colon A \oplus B \to D$ ein Morphismus mit $A \xrightarrow{\sigma_A} A \oplus B \xrightarrow{(a,b)} D = 0$. Wegen $\pi_A \circ \sigma_A = id_A$ und $b \circ \pi_B = (a, b)$ gilt $a = a \circ \pi_A \circ \sigma_A = (a, b) \circ \sigma_A = 0$.

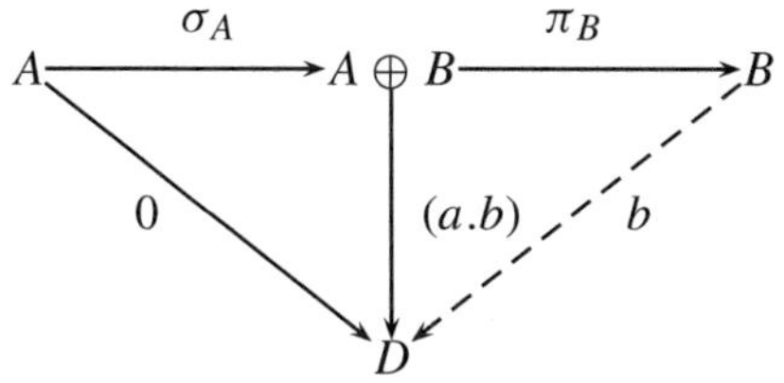

$b\colon B \to D$ ist der – weil π_B epimorph ist, eindeutig bestimmte – Morphismus mit $b \circ \pi_B = (a, b)$.

Es gilt $img(\pi_B) = ker(!)$, denn $\pi_B : A \oplus B \to B$ ist epimorph, weil die Komposition $\pi_B \circ \sigma_B = id_B$ epimorph ist.

Monaden

6

Zusammenfassung

In diesem Kapitel definieren wir Monaden und zeigen den Zusammenhang zwischen ihnen und Adjunktionen. Für Monaden M betrachten wir die zugehörigen M-Algebren.

Definition 6.1 (Monaden). Sei $\underline{\mathbf{A}}$ eine Kategorie. Eine *Monade* ist ein Funktor $M\colon \underline{\mathbf{A}} \to \underline{\mathbf{A}}$ mit einer natürlichen Transformation $\eta\colon Id_{\underline{\mathbf{A}}} \to M$ und einer natürlichen Transformation $\mu\colon M \circ M \to M$ mit $\mu_A \circ M(\mu_A) = \mu_A \circ \mu_{M(A)}$

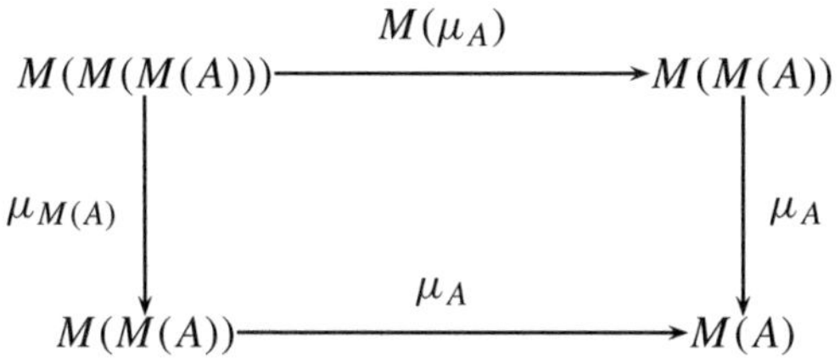

und $\mu_A \circ M(\eta_A) = \mu_A \circ \eta_{M(A)} = id_{M(A)}$

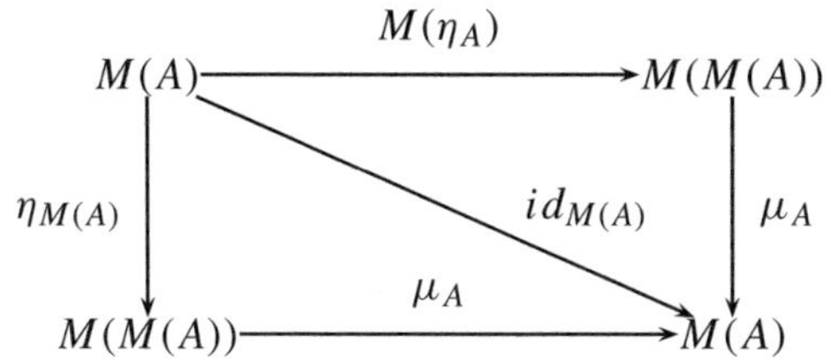

C. Maurer, *Grundzüge der Kategorientheorie*,
https://doi.org/10.1007/978-3-662-70987-0_6

für alle A in $\underline{\mathbf{A}}$.

Beispiele 6.1 (für Monaden).

- In der Kategorie $\underline{\boldsymbol{M}}$ der Mengen liefert die Potenzmengenbildung $\mathcal{P}$ für jede Menge X mit den durch
  - $\mu_X(U) = \{\, y \in X \mid \text{es gibt ein } x \in U \text{ mit } y \in x \,\}$ für $U \in \mathcal{P}(\mathcal{P}(X))$, d. h. $U \subset \mathcal{P}(X)$, und
  - $\eta_X(x) = \{x\}$ für $x \in X$

  definierten Abbildungen $\mu\colon \mathcal{P}(\mathcal{P}(X)) \to \mathcal{P}(X)$ und $\eta\colon X \to \mathcal{P}(X)$ eine Monade.
  Für $A \in \mathcal{P}(\mathcal{P}(\mathcal{P}(X)))$ gilt
  $\mu_X(\mathcal{P}(\mu_X(A))) = \mu_X(\{\, y \in X \mid \text{ es gibt ein } x \in a \text{ mit } y \in x \,\}) = \mu_X(\{\, y \in X \mid \text{ es gibt ein } x \in A \text{ mit } y \in x \,\}) = \mu_X(\mu_{\mathcal{P}(X)}(A))$.
  Für $U \in \mathcal{P}(X)$ gilt $\mu_X(\mathcal{P}(\eta_X)(U)) = \mu_X(\{U\}) = U = \mu_X(\{U\}) = \mu_X(\eta_{\mathcal{P}(X)}(U))$.
- Für ein Monoid A ist der Funktor M mit $M(X) = A \times X$ für eine Menge X mit $\eta_X\colon X \to A \times X$ für eine Menge X, definiert durch $\eta_X(x) = (1, x)$ für $x \in X$, und $\mu_X\colon A \times A \times X \to A \times X$, definiert durch $\mu_X(a, a', x) = (a \cdot a', x)$ für a, $a' \in A$ und $x \in X$, eine Monade über der Kategorie $\underline{\boldsymbol{M}}$ der Mengen.

Dual zu Monaden definieren wir Komonaden:

Definition 6.2 (Komonaden). Sei $\underline{\mathbf{A}}$ eine Kategorie. Eine *Komonade* ist ein Funktor $K\colon \underline{\mathbf{A}} \to \underline{\mathbf{A}}$ mit einer natürlichen Transformation $\varepsilon\colon K \to Id_{\underline{\mathbf{A}}}$ und einer natürlichen Transformation $\nu\colon K \to K \circ K$ mit $K(\nu_A) \circ \nu_A = \nu_{K(A)} \circ \nu_A$

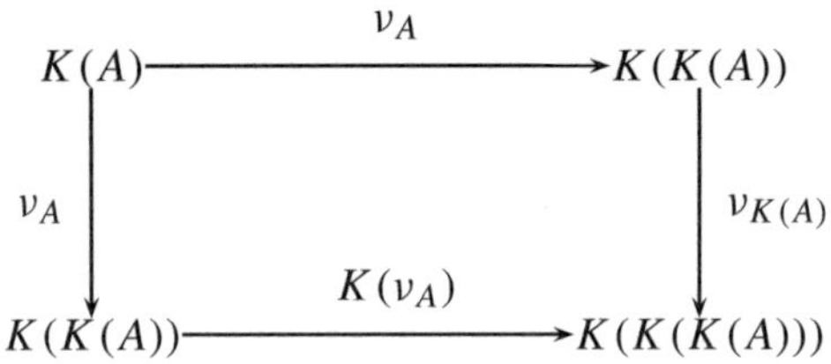

und $\varepsilon_{K(A)} \circ \nu_A = K(\varepsilon_A) \circ \nu_A = id_{K(A)}$

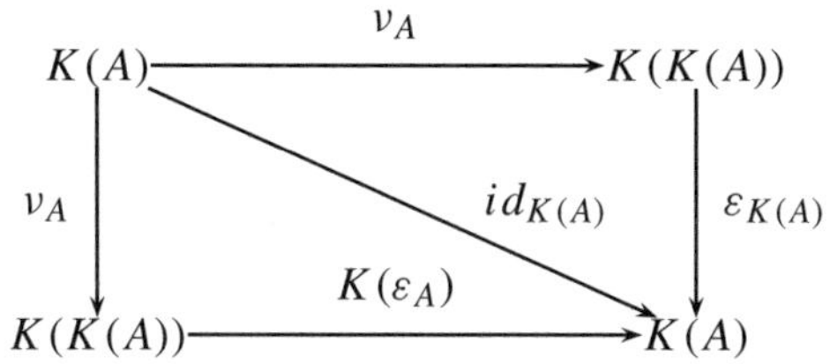

für alle A in $\underline{\mathbf{A}}$.

6.1 Adjunktionen und Monaden

Satz 6.1 (Jede Adjunktion liefert eine Monade). *Seien $\underline{\mathbf{A}}$ und $\underline{\mathbf{B}}$ Kategorien, $F\colon \underline{\mathbf{A}} \to \underline{\mathbf{B}}$ und $G\colon \underline{\mathbf{B}} \to \underline{\mathbf{A}}$ Funktoren mit $F \dashv G$. Durch $M(A) = G(F(A))$, $\eta_A\colon A \to G(F(A))$ für die Einheit η der Adjunktion und $\mu_A = G(\varepsilon_{F(A)})\colon \to M(M(A))M(A)$ für die Koeinheit ε der Adjunktion für alle A in $\underline{\mathbf{A}}$ ist dann die Monade $G \circ F = M\colon \underline{\mathbf{A}} \to \underline{\mathbf{A}}$ definiert.*

Beweis. Da ε eine natürliche Transformation ist, kommutiert das Diagramm

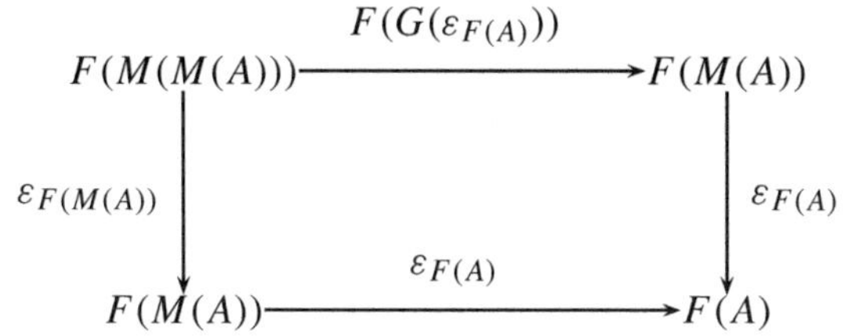

für alle A in $\underline{\mathbf{A}}$. Anwendung von G darauf liefert das kommutative Diagramm:

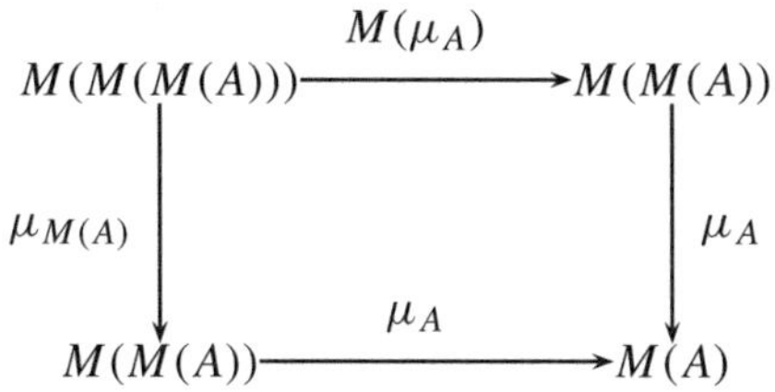

Nach dem Satz 3.10 gelten $\varepsilon_{F(A)} \circ F(\eta_A) = id_{F(A)}$ und $G(\varepsilon_{F(A)} \circ \eta_{G(F(A))}) = id_{G(F(A))}$. Damit ist auch das Diagramm

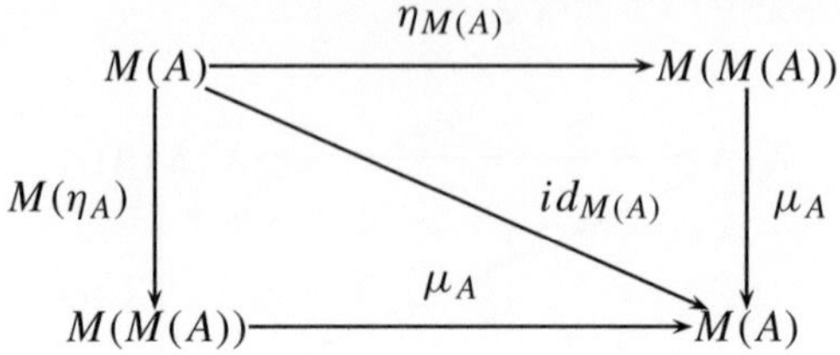

kommutativ.

Dual dazu haben wir den entsprechenden Satz für Komonaden:

Satz 6.2 (Jede Adjunktion liefert eine Komonade). *Seien* $\underline{\mathbf{A}}$ *und* $\underline{\mathbf{B}}$ *Kategorien,* $F\colon \underline{\mathbf{A}} \to \underline{\mathbf{B}}$ *und* $G\colon \underline{\mathbf{B}} \to \underline{\mathbf{A}}$ *Funktoren mit* $F \dashv G$. *Durch* $K(A) = F(G(A))$, $\varepsilon_A\colon F(G(A)) \to A$ *für die Koeinheit* ε *der Adjunktion und* $\nu_A = F(\eta_{G(A)})\colon \to K(A)K(K(A))$ *für die Einheit* η *der Adjunktion für alle* A *in* $\underline{\mathbf{A}}$ *ist dann die Komonade* $F \circ G = K\colon \underline{\mathbf{A}} \to \underline{\mathbf{A}}$ *definiert.*

Beweis. Dual zum Beweis von Satz 6.1.

6.2 M-Algebren und K-Koalgebren

Definition 6.3 (*M*-Algebren). Seien $\underline{\mathbf{A}}$ eine Kategorie und $M\colon \underline{\mathbf{A}} \to \underline{\mathbf{A}}$ eine Monade. Eine M-Algebra ist ein Objekt A in $\underline{\mathbf{A}}$ mit einem Morphismus $h\colon M(A) \to A$, der die Diagramme

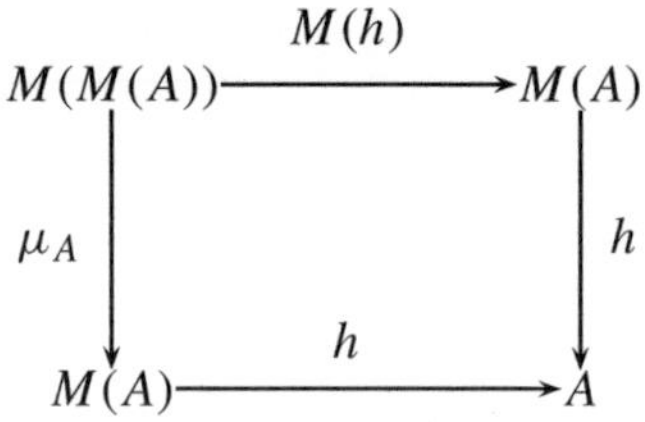

und

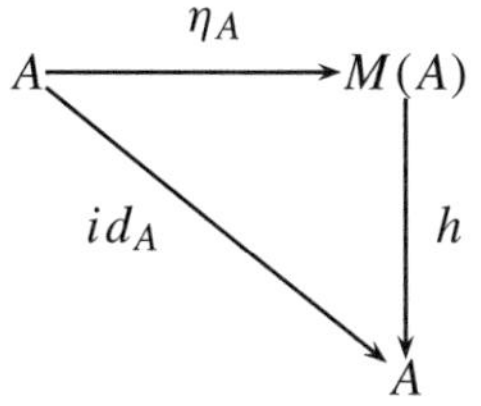

kommutativ macht. h wird gelegentlich „Strukturabbildung“ genannt.

Ein M-Algebra-Morphismus von (M, h) nach (M', h') ist ein Morphismus $f : A \to A'$, der das Diagramm

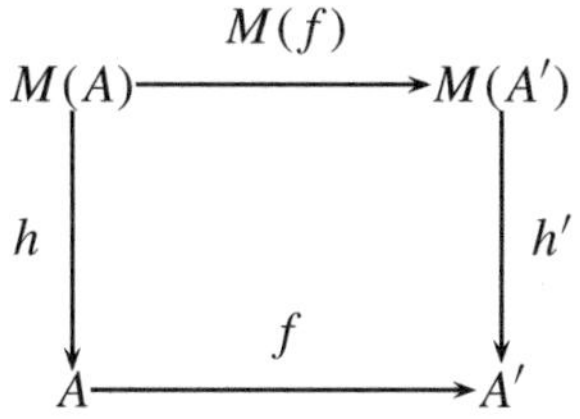

kommutativ macht.

Satz 6.3 (Kategorie der M-Algebren). *Sei* (M, μ, η) *eine Monade über der Kategorie* $\underline{\mathbf{A}}$*.Dann bilden die* M*-Algebren mit den* M*-Morphismen eine Kategorie* $\underline{\mathbf{A}}_M$.

Beweis. Wenn $f : (A, h) \to (A', h')$ und $g : (A', h') \to (A'', h'')$ Morphismen von M-Algebren sind, ist auch ihre Komposition $g \circ f : (A, h) \to (A'', h'')$ ein Morphismus von M-Algebren.

Dual zum Konzept der M-Algebren lassen sich K*-Koalgebren* definieren. Wir überlassen die entsprechende Definition als Übungsaufgabe.

Definition 6.4 Für eine Monade (M, μ, η) über der Kategorie $\underline{\mathbf{A}}$ definieren wir den Funktor $G_M : \underline{\mathbf{A}}_M \to \underline{\mathbf{A}}$ durch $G_M(A) = A$ für eine M-Algebra (A, h) und $G_M(f) = f$ für einen M-Algebra-Morphismus f.

G_M ist ein *Vergissfunktor*, weil er die Strukturabbildung vergisst.

Definition 6.5 Für eine Monade (M, μ, η) über der Kategorie $\underline{\mathbf{A}}$ definieren wir den Funktor $F_M : \underline{\mathbf{A}} \to \underline{\mathbf{A}}_M$ durch $F_M(A) = (T(A), \mu_A)$ für ein Objekt A in $\underline{\mathbf{A}}$ und $F_M(f) = M(f)$ für einen Morphismus $f : A \to A'$.

$(M(A), \mu_A)$ ist in der Tat eine M-Algebra, weil für sie die Diagramme aus der Definition 6.3 kommutativ sind. Sie wird als „freie M-Algebra“ bezeichnet.

Satz 6.4 *Sei (M, μ, η) eine Monade über der Kategorie $\underline{\mathbf{A}}$. Dann bilden die in den Definitionen 6.4 und 6.5 definierten Funktoren eine Adjunktion $F_M \vdash G_M$, und die durch diese Adjunktion definierte Monade stimmt mit (M, η, μ) überein.*

Beweis. Wegen $G_M(F_M(A)) = G_M(M(A), \mu_A) = M(A)$ ist die Einheit der Monade eine natürliche Transformation $\eta_M : Id_{\underline{\mathbf{A}}} \to G_M \circ F_M$.

Es gilt $F_M(G_M((A, h))) = F_M(A) = (M(A), \mu_A)$. Aus der Kommutativität des ersten Diagramms in der Definition 6.3 einer M-Algebra folgt, dass $h: M(A) \to A$ ein Morphismus $(MA, \mu_A) \to (A, h)$ von M-Algebren ist.

Die durch $\varepsilon_M(A, h) = h: F_M(G_M(A)) = (M(A), \mu_A) \to A$ definierte Transformation $\varepsilon: M \to Id_{\underline{\mathbf{A}}}$ ist nach Definition 6.3 eines M-Algebra-Morphismus natürlich.

Das Diagramm

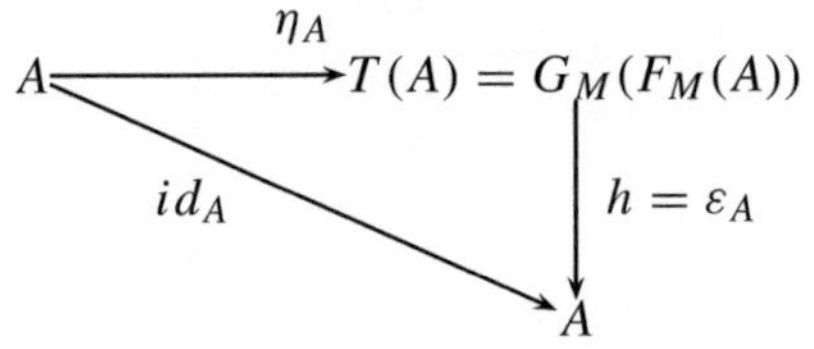

ist das erste kommutative Diagramm aus der Definition 6.3 von T-Algebren.

Anwendung von F_M auf dieses Diagramm liefert das kommutative Diagramm,

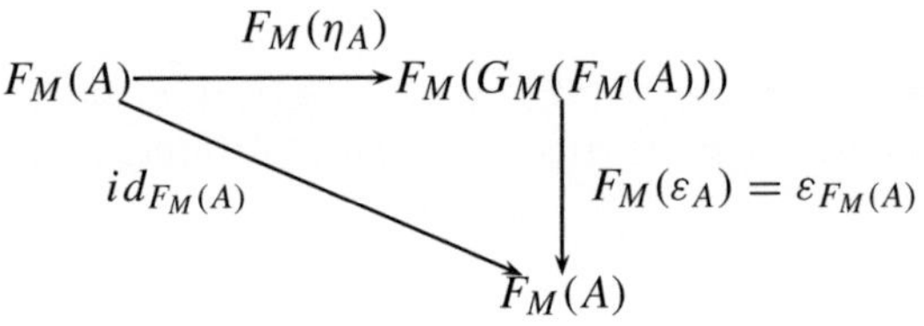

und Anwendung von G_M darauf liefert das kommutative Diagramm:

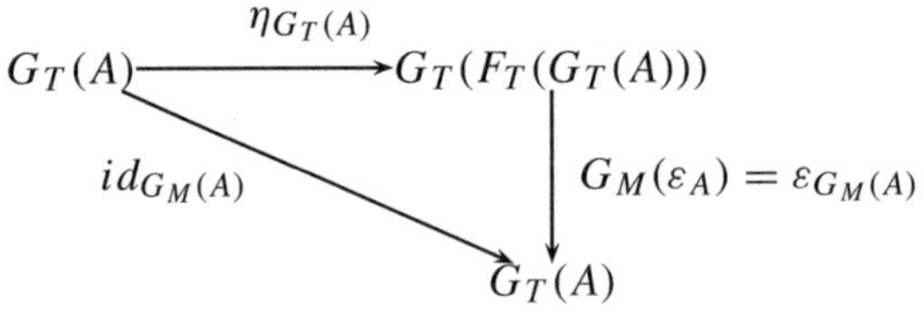

Nach dem Theorem 3.1 über die Charakterisierung von Adjunktionen definieren $\eta: Id_{\underline{\mathbf{A}}} \to M = G \circ F$ und $\varepsilon: M = G \circ F \to Id_{\underline{\mathbf{A}}}$ damit die Adjunktion $F_M \vdash G_M$.

Diese Adjunktion liefert eine Monade über $\underline{\mathbf{A}}$. Der Funktor $G_M \circ F_M$ stimmt mit M überein; seine Einheit η_M ist mit η_A identisch, und es gilt $\mu_M = G_M \varepsilon_M F_M \mu_A = G_M \varepsilon_M(MA, \mu_A) = G_M \mu_A = \mu_A$. Also ist auch μ_M mit μ_A identisch.

Beispiele 6.2

- Operation einer Gruppe auf einer Menge:
  Sei $(G, \cdot, 1)$ eine Gruppe. Wir definieren eine Monade (T, η_M, μ_M) über der Kategorie $\underline{\boldsymbol{M}}$ der Mengen durch $T(X) = G \times M$ für eine Menge X, $\eta_M \colon X \to G \times M$, definiert durch $\eta_M(x) = (1, x)$ für $x \in M$, und $\mu_M \colon G \times (G \times X) \to G \times X$, definiert durch $\mu_M(g, (g', x)) = (g \cdot g', x)$ für $g, g' \in G$ und $x \in X$.
  Eine T-Algebra ist dann eine Menge X mit einer Abbildung $h \colon G \times X \to X$ mit $h(gg', x) = h(g, (g', x))$ und $h(1, x) = x$. Mit der Schreibweise $g \cdot x$ für $h(g, x)$ ist durch $(g, x) \mapsto g \cdot x$ eine Operation der Gruppe G auf der Menge X definiert.
- A-Moduln:
  Wenn A ein kommutativer Ring ist, liefert jede abelsche Gruppe G durch die Definitionen $T(G) = G \times M$, $\eta_M \colon M \to G \times M$, definiert durch $\eta_M(x) = (1, x)$, und $\mu_M \colon A \times (A \times M) \to A \times M$, definiert durch $\mu_M(a \cdot (a' \cdot x)) = (a \cdot a', x)$ für a und $a' \in A$ und $x \in G$, eine Monade über der Kategorie $\underline{\boldsymbol{AG}}$ der abelschen Gruppen.
  Die M-Algebren sind dann die A-Moduln.
- Für eine Menge X sei $M(X) = \{ (x_1, \dots, x_n) \mid n \in \mathbb{N}, x_i \in X \text{ für } i = 1, \dots, n \}$ die Menge der Folgen von Elementen aus X. Dann ist M mit μ_M als Verkettung von Folgen und η_M als Konstruktion einelementiger Listen eine Monade.

6.2.1 Der Vergleich mit M-Algebren

Satz 6.5 (Vergleich von Algebren mit Adjunktionen). *Seien $F \colon \underline{\boldsymbol{A}} \to \underline{\boldsymbol{B}}$ und $G \colon \underline{\boldsymbol{B}} \to \underline{\boldsymbol{A}}$ Funktoren mit $F \vdash G$ und M die durch diese Adjunktion definierte Monade über $\underline{\boldsymbol{A}}$.*

Dann existiert genau ein Funktor $H \colon \underline{\boldsymbol{B}} \to \underline{\boldsymbol{A}}_M$ mit $G_M \circ H = G$ und $H \circ F = F_M$.

Beweis. Die Koeinheit ε der Adjunktion definiert für jedes Objekt B in $\underline{\boldsymbol{B}}$ einen Morphismus $G(\varepsilon_B) \colon G(F(G(B))) \to G(B)$, der eine Strukturabbildung für eine M-Algebra-Struktur auf dem Objekt $G(B)$ darstellt, denn das Diagramm

$$\begin{array}{ccc}
G(F(G(F(G(B))))) & \xrightarrow{\;G(F(G(\varepsilon_B)))\;} & G(F(G(B))) \\
{\scriptstyle \mu_{G(B)} = G(\varepsilon_{FG(B)})}\Big\downarrow & & \Big\downarrow{\scriptstyle G(\varepsilon_B)} \\
G(F(G(B))) & \xrightarrow{\;G(\varepsilon_B)\;} & G(B)
\end{array}$$

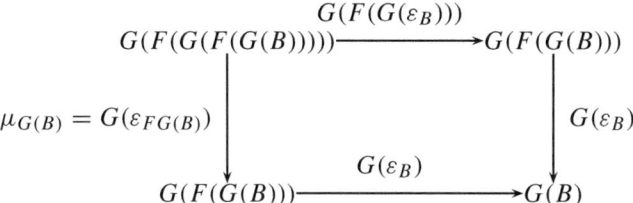

kommutiert wegen der Natürlichkeit von ε, und das Diagramm

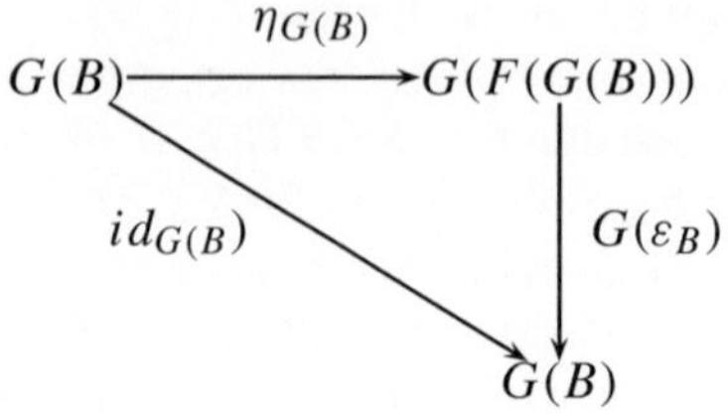

ist das zweite Diagramm aus der Definition 6.3 einer M-Algebra.

Wir definieren $H\colon \underline{\boldsymbol{B}} \to \underline{\boldsymbol{A}}_M$ durch $H(B) = (G(B), G(\varepsilon_B))$ für ein Objekt B in $\underline{\boldsymbol{B}}$ und $H(f) = G(f)\colon (G(B), G(\varepsilon_B)) \to (G(B'), G(\varepsilon_{B'}))$ für einen Morphismus $f\colon B \to B'$.

Dann besagt die Kommutativität der beiden obigen Diagramme nach Definition 6.3, dass $H(B) = (G(B), G(\varepsilon_B))$ in der Tat eine M-Algebra ist.

Weil ε eine natürliche Transformation ist, ist das Diagramm

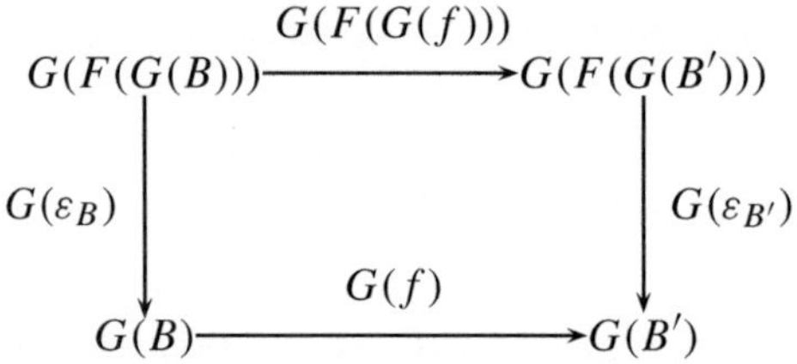

für jeden Morphismus $f\colon B \to B'$ kommutativ, d. h., $H(f) = G(f)$ ist ein T-Algebra-Morphismus.

Für alle Objekte A in $\underline{\boldsymbol{A}}$ gilt $(H \circ F)(A) = H(F(A)) = G(F(A)) = M(A) = F_M(A)$, somit $H \circ F = F_M$; und für alle Objekte B in $\underline{\boldsymbol{B}}$ gilt $(G_M \circ H)(B) = G_M(H(B)) = G_M(G(B)) = G(B)$, also auch $G_M \circ H = G$.

Sei $K\colon \underline{\boldsymbol{B}} \to \underline{\boldsymbol{A}}_M$ ein Funktor mit $G_M(K(B)) = G_M(G(B)) = G(B)$ für alle Objekte B in $\underline{\boldsymbol{B}}$. Wegen $G_M(K(B)) = H(B)$ und $H(B) = G(B)$ folgt daraus $K(B) = G(B) = H(B)$ für alle B in $\underline{\boldsymbol{B}}$, und deshalb $K = H$, d. h., H ist eindeutig bestimmt.

Ohne Beweis sei angegeben, dass dieser Vergleichsfunktor für viele Adjunktionen ein Isomorphismus ist, z. B. für Halbgruppen, Monoide und Ringe – allgemein für gleichungsdefinierte Klassen von Algebren.

Elementare Topoi

7

Zusammenfassung

In diesem Kapitel stellen wir elementare Topoi vor, den Knüller, der von Lawvere und Tierney in der Sektion über Kategorientheorie beim mathematischen Weltkongress 1970 in Nizza vorgestellt wurde. Wir zeigen diverse Eigenschaften von Topoi, befassen uns mit Komma-Kategorien und logischen Aspekten in Topoi, betrachten Topologien auf Topoi und Garben für diese Topologien und definieren Funktoren zwischen Topoi.

7.1 Topoi

Die Topoi sind aus diversen Gründen ein Knüller: Sie erlauben eine Erweiterung der zweiwertigen (booleschen) Logik zu mehrwertigen Logiken, verallgemeinern die Mengenlehre und ermöglichen Beweise der Unabhängigkeit der Kontinuumshypothese (s. [6]) und der Hypothese von Souslin (s. [1]) von der zermelo-fraenkelschen Mengenlehre.

Definition 7.1 (Topos) Ein *(elementarer) Topos* (Plural: *Topoi*) ist eine *kartesisch abgeschlossene* Kategorie $\underline{\boldsymbol{E}}$ (s. Definition 3.3) mit *Pullbacks*, einem *terminalen Objekt* $\mathbf{1}$, einem *Unterobjektklassifikator* Ω und einem Morphismus $true\colon \mathbf{1} \to \Omega$ derart, dass für je zwei Objekte U und A in $\underline{\boldsymbol{E}}$ und jeden Monomorphismus $m\colon U \to A$ genau ein Morphismus $\chi_U : A \to \Omega$ existiert, sodass das Diagramm

$$\begin{array}{ccc} U & \xrightarrow{\;!_U\;} & \mathbf{1} \\ {\scriptstyle m}\downarrow & & \downarrow{\scriptstyle true} \\ A & \overset{\chi_U}{\dashrightarrow} & \Omega \end{array}$$

C. Maurer, *Grundzüge der Kategorientheorie*,
https://doi.org/10.1007/978-3-662-70987-0_7

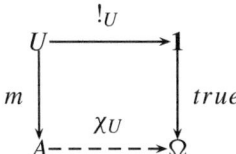

ein *Pullback* ist.

χ_U wird häufig als *charakteristischer Morphismus* von $i: U \to A$ bezeichnet.

Beispiele 7.1 (für Topoi)

- Das klassische Beispiel für einen Topos ist die Kategorie $\underline{\mathbf{M}}$ der Mengen: Seien A eine Menge und $U \subset A$ eine Teilmenge von A mit der Injektion $i: U \to A$, die als injektive Abbildung ein Monomorphismus ist (s. 2.7 a)). Mit $\Omega = \{0, 1\}$, der durch $true(0) = 0$ definierten Abbildung und f als *charakteristische Abbildung* $\chi_U: A \to \mathbf{2}$ (s. Satz 2.7 b)) ist das Diagramm aus der Definition 7.1 ein Pullback, wie man leicht sieht.
- Auch die Kategorie der *endlichen* Mengen ist ein Topos.

Satz 7.1 (Eindeutigkeit des Unterobjektklassifikators) *Der Unterobjektklassifikator Ω ist bis auf Isomorphie eindeutig bestimmt.*

Beweis Seien $true: \mathbf{1} \to \Omega$ und $true': \mathbf{1} \to \Omega'$ zwei Unterobjektklassifikatoren. Die Morphismen $true$ und $true'$ sind Monomorphismen, weil ihre Komposition mit $!_\Omega$ bzw. $!_{\Omega'}$ die Identität auf $\mathbf{1}$ ist; folglich hat $\mathbf{1}: true \to \Omega$ eine charakteristische Abbildung $\chi_U: \Omega \to \Omega'$ und $\mathbf{1}: true' \to \Omega'$ hat eine charakteristische Abbildung $\chi'_U: \Omega' \to \Omega$.

Dann sind die Morphismen χ_U und chi'_U zueinander invers, was leicht zu sehen ist.

Definition 7.2 (von false) In jedem Topos $\underline{\mathbf{E}}$ ist der Morphismus $false: \mathbf{1} \to \Omega$

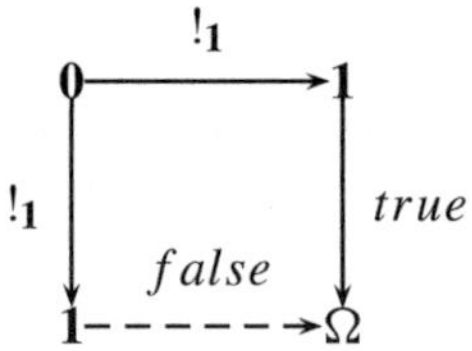

als charakteristischer Morphismus von $!_1: \mathbf{0} \to \mathbf{1}$ definiert.

Es gibt eine Menge Literatur über Topostheorie, z. B. [2], [3–5] und [7].

7.1.1 Eigenschaften von Topoi

Satz 7.2 (Produkte von Topoi) *Wenn $\underline{\mathbf{E}}$ und $\underline{\mathbf{E}}'$ Topoi sind, ist auch die Produktkategorie $\underline{\mathbf{E}} \times \underline{\mathbf{E}}'$ ein Topos.*

Beweis $\underline{E} \times \underline{E}'$ hat das terminale Objekt $(\mathbf{1}, \mathbf{1})$ und Pullbacks werden komponentenweise gebildet.

$\underline{E} \times \underline{E}'$ ist kartesisch abgeschlossen: Für Objekte A und B in $\underline{E}$ und A' und B' in $\underline{E}'$ gilt $(A, A')^{(B,B')} = (A^B, A'^{B'})$.

Wenn Ω und Ω' die Unterobjektklassifikatoren in $\underline{E}$ bzw. $\underline{E}'$ sind, ist das Paar (Ω, Ω') der Unterobjektklassifikator in $\underline{E} \times \underline{T}'$.

Satz 7.3 (Monomorphismen sind Egalisatoren) *Seien $\underline{E}$ ein Topos, U und A Objekte in $\underline{E}$ und $m: U \rightarrow A$ ein Monomorphismus. Dann ist m der Egalisator der charakteristischen Morphismen von m und von $!_A$.*

Beweis Folgt unmittelbar aus der Definition 7.1 eines Topos.

Satz 7.4 (Endliche Vollständigkeit) *Jeder Topos $\underline{E}$ ist endlich vollständig, besitzt also Egalisatoren und Produkte.*

Beweis Die Behauptung folgt aus dem Satz 4.10, weil $\underline{E}$ nach Definition ein terminales Objekt und Pullbacks hat.

Ohne Beweis geben wir die beiden folgenden Sätze an:

Satz 7.5 (Epimorphismen sind Koegalisatoren) *Seien $\underline{E}$ ein Topos, A und B Objekte in $\underline{E}$ und $e: A \rightarrow B$ ein Epimorphismus. Dann ist e der Koegalisator seines Kernpaares.*

Satz 7.6 (Endliche Kovollständigkeit) *Jeder Topos $\underline{E}$ ist endlich kovollständig, besitzt also ein initiales Objekt, Koegalisatoren, Koprodukte und Pushouts.*

Satz 7.7 (Balanciertheit von Topoi)
Jeder Topos $\underline{E}$ ist balanciert (s. Definition 2.12).

Beweis Sei $f: A \rightarrow B$ monomorph und epimorph. Nach dem vorigen Satz ist f ein Egalisator, nach der Definition 2.24 also ein *regulärer* Monomorphismus. Damit folgt die Behauptung aus dem Lemma 2.9.

Definition 7.3 (Potenzobjekte) Für einen Topos $\underline{E}$ und ein Objekt A in $\underline{E}$ sei $P(A) = \Omega^A$.

Im Fall des Topos $\underline{M}$ ist $P(A)$ die *Potenzmenge* von A.

Definition 7.4 (Diagonalmorphismen) Für ein Objekt A aus einem Topos $\underline{E}$ bezeichnen wir den Morphismus $\Delta_A = (id_A, id_A): A \rightarrow A \times A$ als *Diagonalmorphismus.*

Lemma 7.1 *ΔA ist ein Koretrakt (s. Definition 2.17), weil $\pi_1 \circ \Delta_A = id_A$ gilt. Deshalb ist Δ_A nach dem Lemma 2.6 ein Monomorphismus.*

Definition 7.5 (Singleton-Morphismus) Seien $\underline{\boldsymbol{E}}$ ein Topos und A ein Objekt in $\underline{\boldsymbol{E}}$. Der charakteristische Morphismus δ_A des Monomorphismus $\Delta_A : A \to A \times A$

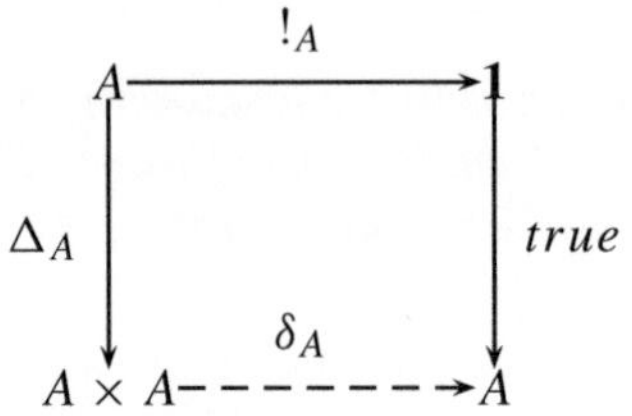

entspricht per Adjunktion $\underline{\boldsymbol{E}}(A \times A, \Omega) \cong \underline{\boldsymbol{E}}(A, \Omega^A)$ einem Morphismus $\{\}_A : A \to \Omega^A$, bezeichnet als „Singleton-Morphismus“.

In der Kategorie $\underline{\boldsymbol{M}}$ der Mengen ist das für eine Menge M die durch $\{\}_M(x) = \{x\}$ für $x \in M$ definierte Abbildung $\{\}_M : M \to P(M)$.

Lemma 7.2 *Der Singleton-Morphismus ist monomorph.*

Beweis Für jeden Morphismus $f : B \to A$ ist das Diagramm

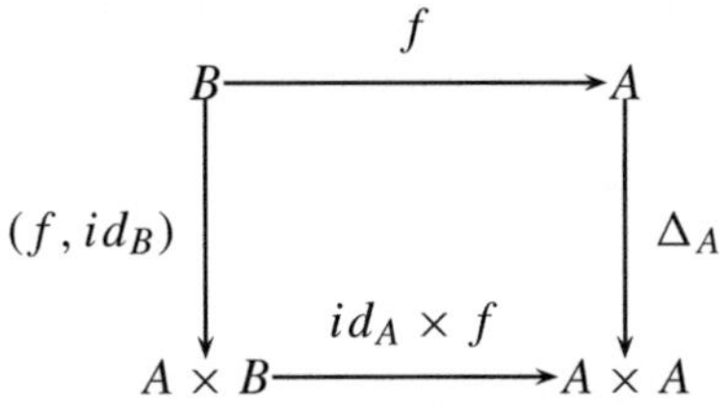

ein Pullback. Für je zwei Morphismen $g : B \to A$ und $h : B \to A$ mit $g\{\}_A \circ u = \{\}_A \circ h$ gilt $(g, id_B) = (h, id_B)$, und deshalb $g = h$.

7.1.2 Schlangenobjekte

Definition 7.6 (Schlangenobjekt) Seien $\underline{\boldsymbol{E}}$ ein Topos, A ein Objekt in $\underline{\boldsymbol{E}}$ und $\chi_A : \Omega^A \to A$ der charakteristische Morphismus von $(\{\}_A, id_A) : A \to \Omega^A \times A$.

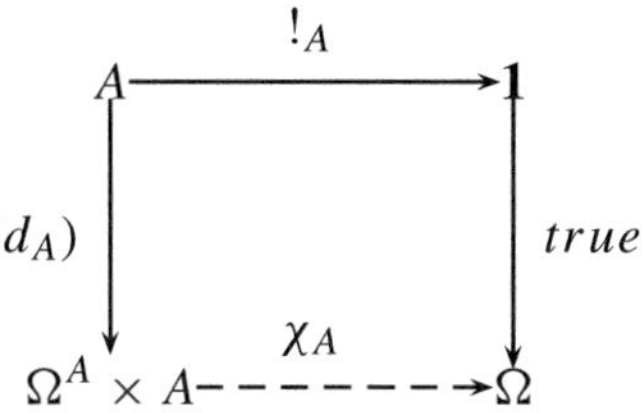

$$
\begin{array}{ccc}
A & \xrightarrow{\;!_A\;} & \mathbf{1} \\
{\scriptstyle (\{\}_A,\, id_A)}\big\downarrow & & \big\downarrow{\scriptstyle true} \\
\Omega^A \times A & \overset{\chi_A}{\dashrightarrow} & \Omega
\end{array}
$$

Sei $\bar{\chi_A}: \Omega^A \times A \to \Omega^A$ der Morphismus, der χ_A per Adjunktion $\underline{\boldsymbol{E}}(\Omega^A \times A, \Omega) \cong \underline{\boldsymbol{T}}(\Omega^A, \Omega^A)$ entspricht.

Sei $e: \tilde{A} \to \Omega^A$ der Egalisator von $id_{\Omega^A}: \Omega^A \to \Omega^A$ und $\bar{\chi_A}: \Omega^A \to \Omega^A$.

Dieses Objekt $\tilde{A}$ bezeichnen wir als das *Schlangenobjekt* von A.

Satz 7.8 *Seien* $\underline{\boldsymbol{E}}$ *ein Topos, A ein Objekt in T und* $\tilde{A}$ *das Schlangenobjekt von A. Dann gibt es genau einen Monomorphismus* $\eta_A: A \to \tilde{A}$ *mit* $e \circ \eta_A = \{\}_A$.

Beweis Das Diagramm

$$
\begin{array}{ccc}
A & \xrightarrow{\;id_A\;} & A \\
{\scriptstyle \Delta_A}\big\downarrow & & \big\downarrow{\scriptstyle (\{\}_A,\, id_A)} \\
A \times A & \xrightarrow{\;\{\}_A \times id_A\;} & \Omega^A \times A
\end{array}
$$

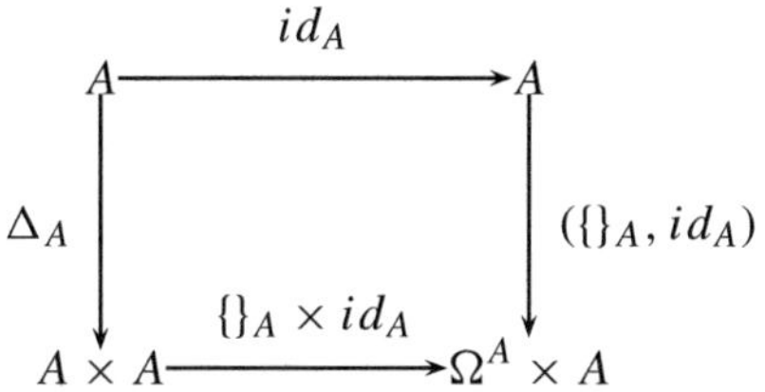

ist – wie leicht zu sehen ist – ein Pullback. Damit ist die Kombination

$$
\begin{array}{ccc}
A & \xrightarrow{\;!_A\;} & A \\
{\scriptstyle \Delta_A}\big\downarrow & & \big\downarrow{\scriptstyle true} \\
A \times A & \xrightarrow{\;\chi_A \circ (\{\}_A \times id_A)\;} & \Omega
\end{array}
$$

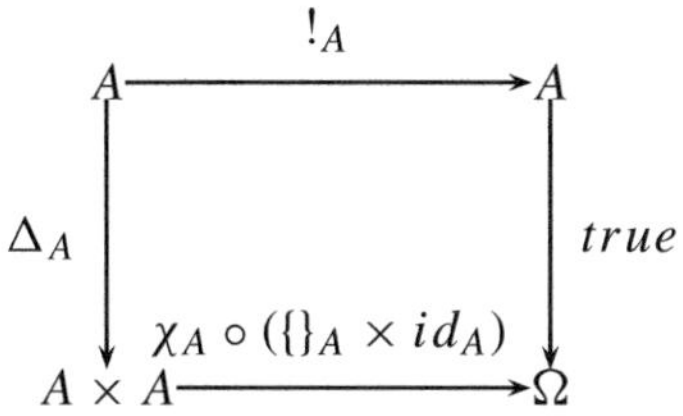

dieses Pullbacks mit dem aus der Definition 7.6 ein Pullback, d. h., $\chi_A \circ (\{\}_A \times id_A)$ ist der charakteristische Morphismus des Diagonalmorphismus Δ_A. Nach Definition 7.5 folgt daraus $\chi_A \circ (\{\}_A \times id_A) = \delta_A$. Per Adjunktion $\underline{\boldsymbol{E}}(\Omega^A \times A, \Omega) \cong \underline{\boldsymbol{E}}(\Omega^A, \Omega^A)$ gilt deswegen $\bar{\chi_A} \circ \{\}_A = \bar{\chi_A} \circ \bar{\delta_A} = \bar{\delta_A} = \{\}_A = id_{\Omega^A} \circ \{\}_A$. Da e der Egalisator von $\bar{\chi_A}$ und id_{Ω^A} ist,

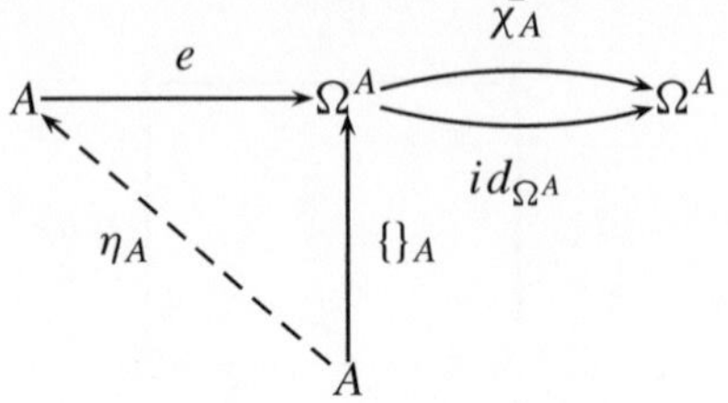

existiert der behauptete Morphismus $\eta_A : A \to \tilde{A}$ mit $e \circ \eta_A = \{\}_A$.

η_A ist monomorph und eindeutig bestimmt, weil e als Egalisator ein Monomorphismus ist.

Satz 7.9 (Eigenschaft der Schlangenobjekte) *Seien $\underline{E}$ ein Topos, A ein Objekt in $\underline{E}$ und $\tilde{A}$ das Schlangenobjekt von A. Dann gibt es für je zwei Objekte U und B mit einem Monomorphismus $m : U \to B$ und jeden Morphismus $f : U \to A$ genau einen Morphismus $\chi_f : B \to \tilde{A}$ derart, dass das Diagramm*

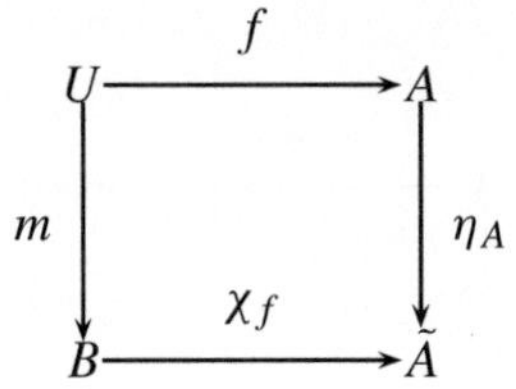

ein Pullback ist.

Beweis Sei $\psi : B \times A \to \Omega$ der charakteristische Morphismus

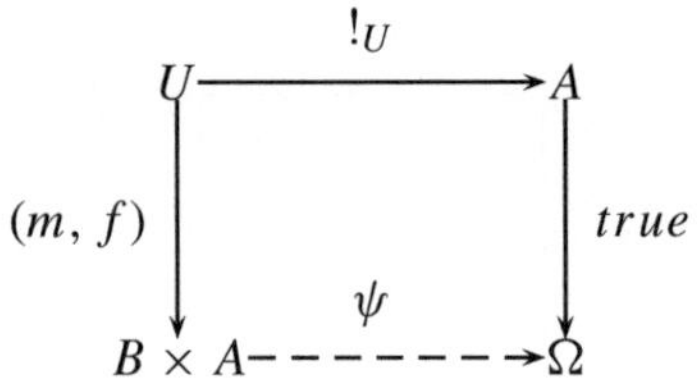

von $(m, f)\colon U \to B \times A$. Wir zeigen zunächst, dass das Diagramm

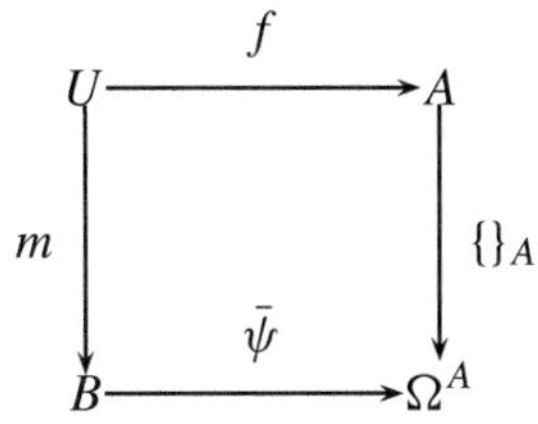

ein Pullback ist. Seien C ein Objekt in $\underline{\boldsymbol{E}}$ und $a\colon C \to A$ und $b\colon C \to B$ Morphismen mit $\{\}_A \circ a = \bar{\psi} \circ b$. Wegen $\{\}_A = \bar{\delta}_A$ folgt daraus per Adjunktion, dass das untere Rechteck im Diagramm

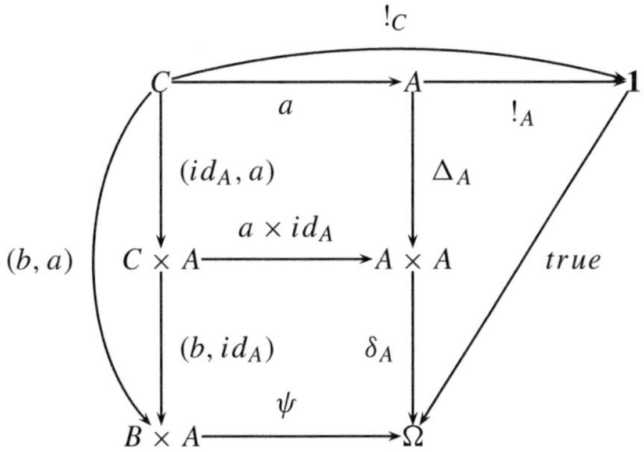

kommutativ ist. Das obere ist trivialerweise kommutativ und das rechte Dreieck ist das kommutative Diagramm aus der Definition 7.5.

Also gibt es nach Definition von ψ einen Morphismus $g\colon C \to U$ mit $(b, a) = (m, f) \circ g$, womit erreicht ist, was wir zeigen wollten.

Das Diagramm

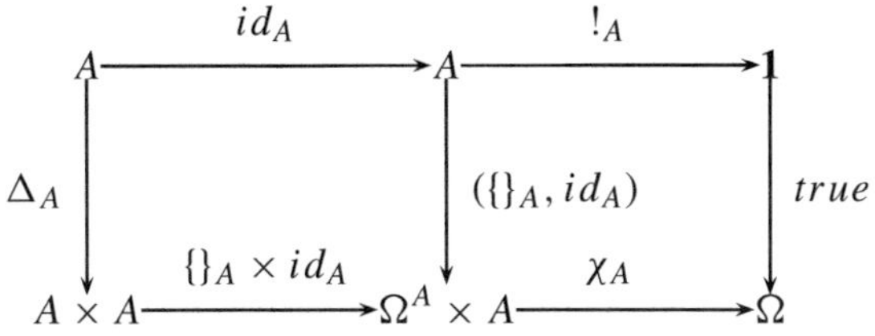

ist ein Pullback, denn das linke Rechteck ist trivialerweise ein Pullback und das rechte ist das aus der Definition 7.6 von χ_A. Nach Definition 7.5 von δ_A in der Definition 7.5 folgt daraus $\chi_A \circ (\{\}_A \times id_A) = \delta_A$, was per Adjunktion $\bar{\chi_A} \circ \{\}_A = \{\}_A$ entspricht.

Damit haben wir $\bar{\chi}_A \circ \{\}_A = id_{\Omega^A} \circ \{\}_A$.

Weil $\tilde{A}$ der Egalisator von χ_A und $id_{\Omega^A}\colon \Omega^A \to \Omega^A$ ist, existiert der (eindeutig bestimmte) Morphismus $\chi_f\colon A \to \tilde{A}$ mit $e \circ \chi_f = \{\}_A$.

Es bleibt zu zeigen, dass das obere Rechteck im Diagramm

$$\begin{array}{ccc}
U & \xrightarrow{\;f\;} & A \\
{\scriptstyle m}\downarrow & & \downarrow{\scriptstyle \eta_A} \\
B & \xrightarrow{\;\chi_f\;} & \tilde{A} \\
{\scriptstyle id_B}\downarrow & & \downarrow{\scriptstyle e} \\
B & \xrightarrow{\;\bar{\psi}\;} & \Omega^A
\end{array}$$

ein Pullback ist.

Seien $a\colon C \to A$ und $b\colon C \to B$ Morphismen mit $\eta_A \circ a = \chi_f \circ m$. Dann gilt $e \circ (\chi_f \circ b) = e \circ (\eta_A \circ f) = (e \circ \eta_A) \circ f = \{\}_A \circ f = \bar{\psi} \circ b$.

Weil wir gezeigt haben, dass der äußere Rahmen in diesem Diagramm ein Pullback ist, existiert genau ein Morphismus $g\colon C \to U$ mit $f \circ g = a$ und $m \circ g = b$, woraus die Behauptung folgt.

Der Beweis, dass der Morphismus χ_f mit der verlangten Eigenschaft eindeutig bestimmt ist, ist als Übungsaufgabe überlassen.

Anmerkung 7.1 Das Schlangenobjekt von **1** ist der Unterobjektklassifikator Ω.

7.1.3 Komma-Kategorien

Dieser Abschnitt beschäftigt sich mit den in Definition 2.7 definierten Kategorien.

Satz 7.10 (Der Funktor f^*) *Seien $\underline{\mathbf{E}}$ ein Topos, A und B Objekte in $\underline{\mathbf{E}}$ und $f\colon A \to B$ ein Morphismus. Die Definition $f^*(C \xrightarrow{g} B)$ für ein Objekt $C \xrightarrow{g} B$ in $\underline{\mathbf{E}}/B$, wobei*

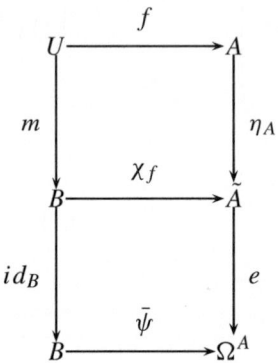

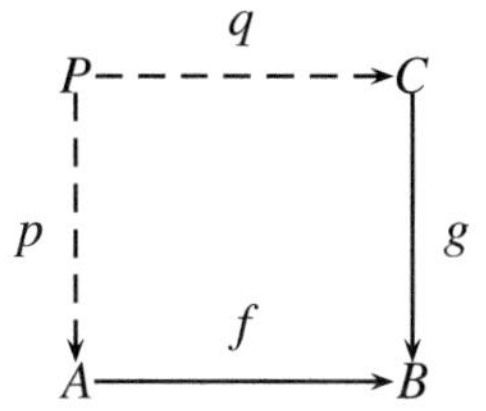

ein Pullback ist, liefert einen Funktor $f^*\colon \underline{\mathbf{E}}/B \to \underline{\mathbf{E}}/A$.

Beweis Seien $D \xrightarrow{h} B$ ein Objekt in $\underline{\mathbf{E}}/B$ und $C \xrightarrow{k} D$ ein Morphismus von $C \xrightarrow{g} B$ nach $D \xrightarrow{h} B$, also mit $h \circ k = g$. Für $P \xrightarrow{p} A = f^*(C \xrightarrow{g} B)$ und $Q \xrightarrow{r} A = f^*(C \xrightarrow{h} B)$ haben wir dann das kommutative Diagramm:

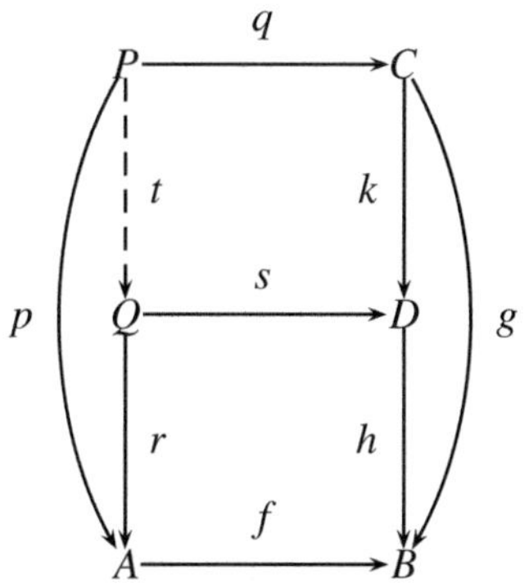

Weil das untere Rechteck das Pullback mit $Q \xrightarrow{r} A = f^*(D \xrightarrow{h} B)$ ist, gibt es den Morphismus $t\colon P \to Q$ mit $r \circ t = p$ und $s \circ t = k \circ q$.

Damit ist f^* auch für Morphismen definiert. Einfache Diagrammjagden zeigen, dass f^* Identitäten und Kompositionen bewahrt.

Satz 7.11 (Der Funktor Σ_f) *Seien* $\underline{\mathbf{E}}$ *ein Topos, A und B Objekte in* $\underline{\mathbf{E}}$ *und* $f\colon A \to B$ *ein Morphismus. Die Definition* $\Sigma_f(C \xrightarrow{g} A) = D \xrightarrow{f \circ g} B$ *liefert dann einen Funktor* $\Sigma_f\colon \underline{\mathbf{E}}/A \to \underline{\mathbf{E}}/B$.

Beweis Trivial.

Satz 7.12 (Die Adjunktion zwischen Σ_f und f^*) *Seien* $\underline{\mathbf{E}}$ *ein Topos, A und B Objekte in* $\underline{\mathbf{E}}$ *und* $f\colon A \to B$ *ein Morphismus. Dann ist der im Satz 7.11 definierte Funktor* $\Sigma_f\colon \underline{\mathbf{E}}/A \to \underline{\mathbf{E}}/B$ *linksadjungiert zu dem im Satz 7.10 definierten Funktor* $f^*\colon \underline{\mathbf{E}}/B \to \underline{\mathbf{E}}/A$.

Beweis Zu zeigen ist $\underline{\mathbf{E}}/B(\Sigma_f(C \xrightarrow{g} A, D \xrightarrow{h} B)) \cong \underline{\mathbf{E}}/A(C \xrightarrow{g} A, f^*(D \xrightarrow{h} B))$, also dass $\underline{\mathbf{E}}/B(C \xrightarrow{f\circ g} B, D \xrightarrow{h} B) \cong \underline{\mathbf{E}}/A(C \xrightarrow{g} A, P \xrightarrow{p} A)$ gilt, wobei $P \xrightarrow{p} A$ der Morphismus aus dem Pullback im Satz 7.10 ist.

Morphismen $C \xrightarrow{k} B$ von $C \xrightarrow{f\circ g} B$ nach $D \xrightarrow{h} B$ entsprechen qua Pullback-Eigenschaft Morphismen $C \xrightarrow{l} P$ von $C \xrightarrow{g} A$ nach $P \xrightarrow{p} A$,

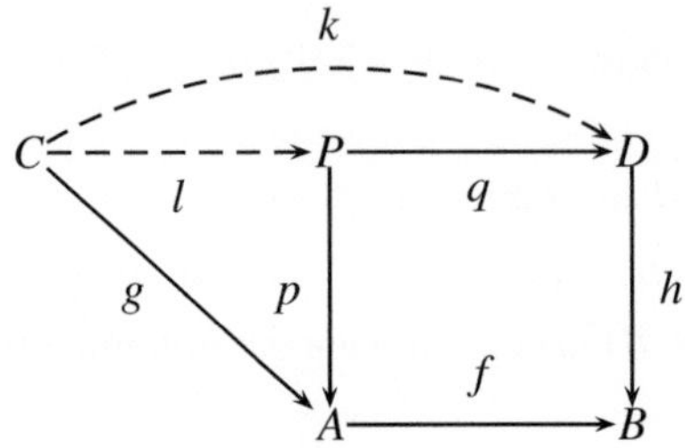

woraus wegen $\Sigma_f(C \xrightarrow{g} A) = C \xrightarrow{f\circ g} B$ die Behauptung folgt.

Lemma 7.3 (Stetigkeit von f^*) *Seien $\underline{\mathbf{E}}$ ein Topos, A und B Objekte in $\underline{\mathbf{E}}$ und $f\colon A \to B$ ein Morphismus. Dann ist der Funktor $f^*\colon \underline{\mathbf{E}}/B \to \underline{\mathbf{E}}/A$ stetig.*

Beweis Weil f^* nach dem vorigen Satz 7.12 rechtsadjungiert zu Σ_f ist, folgt die Behauptung aus dem Satz 4.13.

Satz 7.13 (Der Funktor Π_f) *Seien $\underline{\mathbf{E}}$ ein Topos, A und B Objekte in $\underline{\mathbf{E}}$ und $f\colon A \to B$ ein Morphismus. Dann hat der im Satz 7.10 definierte Funktor $f^*\colon \underline{\mathbf{E}}/B \to \underline{\mathbf{E}}/A$ einen Rechtsadjungierten $\Pi_f\colon \underline{\mathbf{E}}/A \to \underline{\mathbf{E}}/B$.*

Beweis Wir behandeln zunächst den Fall $B = \mathbf{1}$, wobei $f^*(C \xrightarrow{!_1} \mathbf{1}) = C \times A$ für jedes Objekt C in $\underline{\mathbf{E}}$ gilt. Ein Morphismus von $C \times A \xrightarrow{\pi_A} A$ nach $D \xrightarrow{g} A$ in $\underline{\mathbf{E}}/A$ ist ein Morphismus $C \times A \xrightarrow{h} D$ in $\underline{\mathbf{E}}$ mit $g \circ h = \pi_A$. Per Adjunktion entsprechen Morphismen h von $C \times A \xrightarrow{\pi_A} A$ nach $D \xrightarrow{g} A$ mit $g \circ h = \pi_A$ den Morphismen $C \xrightarrow{\bar{h}} D^A$ mit $g^A \circ \bar{h} = i\bar{d}_A \circ !_C\colon C \to A^A$. Diese Morphismen $\bar{h}$ wiederum entsprechen den Morphismen $C \xrightarrow{\bar{\bar{h}}} P$ mit P als Pullback im Diagramm:

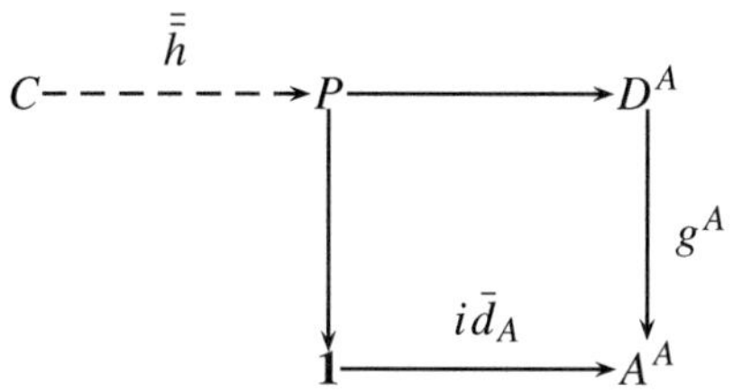

Deshalb haben wir in diesem Fall $\underline{\mathbf{E}}/A(f^*(C \xrightarrow{!_1} \mathbf{1}, D \xrightarrow{g} A) \cong \underline{\mathbf{E}}(C, P)$, folglich gilt $\Pi_f(D \xrightarrow{g} A) = P$, d.h., $\Pi_f : \underline{\mathbf{E}}/A \to \underline{\mathbf{E}}$ ist rechtsadjungiert zu $(-) \times A : \underline{\mathbf{E}} \to \underline{\mathbf{E}}/A$.

Jetzt kommen wir zum allgemeinen Fall.

Der Morphismus $A \xrightarrow{f} B$ ist ein Objekt in der Komma-Kategorie $\underline{\mathbf{E}}/B$. Ein Objekt über $A \xrightarrow{f} B$ ist ein kommutatives Diagramm,

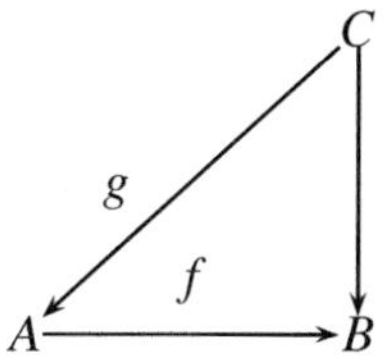

das durch $C \xrightarrow{g} A$, ein Objekt in $\underline{\mathbf{E}}/A$, bestimmt ist.

Diese Korrespondenz ist ein Isomorphismus $(E/B)/(A \xrightarrow{f} B) \cong \underline{\mathbf{E}}/A$, und das Pullback längs $f^* : \underline{\mathbf{E}}/B \to \underline{\mathbf{E}}/A = (\underline{\mathbf{E}}/B)/(A \xrightarrow{f} B)$ ist auf den vorigen Fall eines Objekts (also das Objekt $A \xrightarrow{f} B$) in $\underline{\mathbf{E}}/B$ reduziert.

Damit ist die Behauptung bewiesen.

Lemma 7.4 (Produkte mit 1) *Für jedes Objekt A aus einem Topos gilt* $\mathbf{1} \times A \cong A$.

Beweis Die Morphismen $\pi_A : \mathbf{1} \times A \to A$ und $(!_A, id_A) : A \to \mathbf{1} \times A$ sind invers zueinander: $\pi_A \circ (!_A, id_A) = id_A$ und $(!_A, id_A) \circ \pi_A = id_{\mathbf{1} \times A}$.

Satz 7.14 (Toposeigenschaft der Komma-Kategorien) *Seien* $\underline{\mathbf{E}}$ *ein Topos und A ein Objekt in* $\underline{\mathbf{E}}$. *Dann ist die Komma-Kategorie* $\underline{\mathbf{E}}/A$ *ein Topos (s. Definition 2.7).*

Beweis Für ein Objekt $B \xrightarrow{f} A$ in $\underline{\mathbf{E}}/A$ ist der Funktor $(-) \times B \xrightarrow{f} A : \underline{\mathbf{E}}/A \to \underline{\mathbf{E}}/A$ die Komposition der Funktoren $f^* : \underline{\mathbf{E}}/A \to \underline{\mathbf{E}}/B$ und $\Sigma_f : \underline{\mathbf{E}}/B \to \underline{\mathbf{E}}/A$. f^* hat nach dem Satz 7.13 den Rechtsadjungierten und Σ_f hat nach dem Satz 7.12 den Rechtsadjungierten $f^* : \underline{\mathbf{E}}/B \to \underline{\mathbf{E}}/A$.

Folglich hat der Funktor $(-) \times B \xrightarrow{f} A$ als Komposition zweier Rechtsadjungierter nach dem Satz 3.12 einen Rechtsadjungierten. Nach der Definition 3.3 ist $\underline{\mathbf{E}}/A$ damit kartesisch abgeschlossen.

Pullbacks in $\underline{\mathbf{E}}/A$ werden wie in $\underline{\mathbf{E}}$ gebildet, was unmittelbar klar ist. Ebenso klar ist, dass das Objekt $id_A\colon A \to A$ terminal in $\underline{\mathbf{E}}/A$ ist.

$\pi_A\colon \Omega \times A \to A$ ist der Unterobjektklassifikator von $\underline{\mathbf{E}}/A$:

Sei $U \xrightarrow{m} B$ ein Monomorphismus in $\underline{\mathbf{E}}/A$ von $U \xrightarrow{f} A$ nach $B \xrightarrow{g} A$. Dann ist $m\colon U \to B$ ein Monomorphismus in $\underline{\mathbf{E}}$; also gibt es den charakteristischen Morphismus $\chi_f\colon B \to \Omega$,

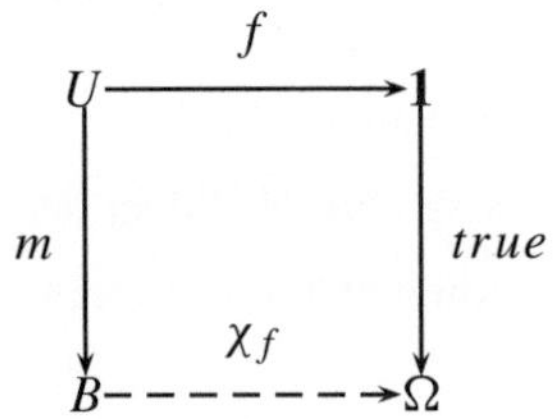

und damit ist der Morphismus $B \xrightarrow{(\chi_f, g)} \Omega \times A$ von $B \xrightarrow{g} A$ nach $\Omega \times A \xrightarrow{\pi_A} A$

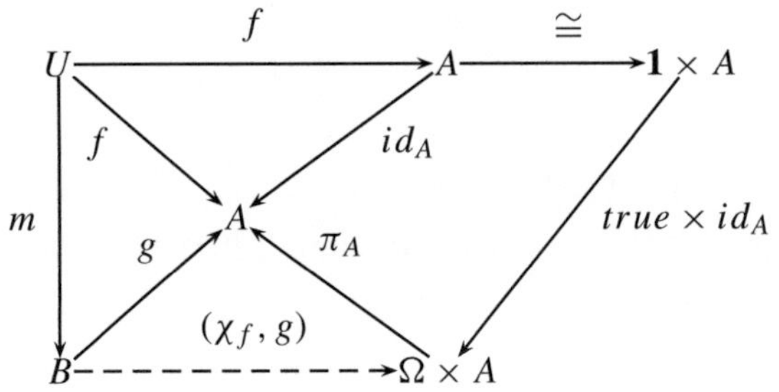

der charakteristische Morphismus von m.

7.2 Logische Aspekte

Definition 7.7 (Heyting-Algebren) Eine *Heyting-Algebra* ist eine *geordnete Menge* H mit einem *Maximum* 1 und einem *Minimum* 0, in der zu je zwei Elementen a und b ihr *Maximum,* ihr *Minimum* und ihr *Pseudokomplement* $a \Rightarrow b = \max\{x \in H \mid a \wedge x \leq b\}$ existieren.

Das Supremum und das Infimum werden mit den Symbolen $\vee$ bzw. $\wedge$ bezeichnet: $a \vee b = \sup(a, b)$ und $a \wedge b = \inf(a, b)$.

Der Negationsoperator in einer Heyting-Algebra ist durch $\neg a = \max\{x \in H \mid a \wedge x = 0\}$ definiert. Es gelten $\neg 0 = 1$ und $\neg 1 = 0$ sowie $a \wedge \neg a = 0$ für alle $a \in H$.

Definition 7.8 (Boolesche Algebren) Eine *boolesche Algebra* ist eine Heyting-Algebra, in der $\neg(\neg a) = a$ für alle $a \in B$ gilt, was äquivalent dazu ist, dass $a \vee \neg a = 1$ gilt.

Definition 7.9 (logischer Operatoren auf Ω) Für den Unterobjektklassifikator Ω in einem Topos definieren wir folgende Operationen:
$\wedge \colon \Omega \times \Omega \to \Omega$ als charakteristischen Morphismus

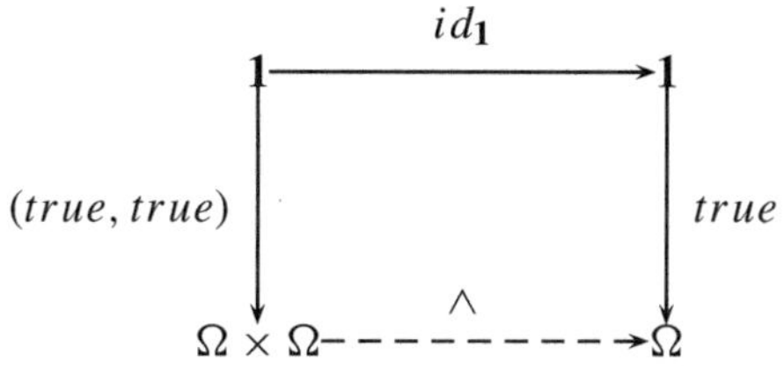

von $(true, true) \colon \mathbf{1} \to \Omega \times \Omega$,
$\vee \colon \Omega \times \Omega \to \Omega$ als charakteristischen Morphismus
des Bildes von $((id_\Omega, true), (true, id_\Omega)) \colon \Omega + \Omega \to \Omega \times \Omega$, $\Rightarrow \colon \Omega \times \Omega \to \Omega$ als charakteristischen Morphismus

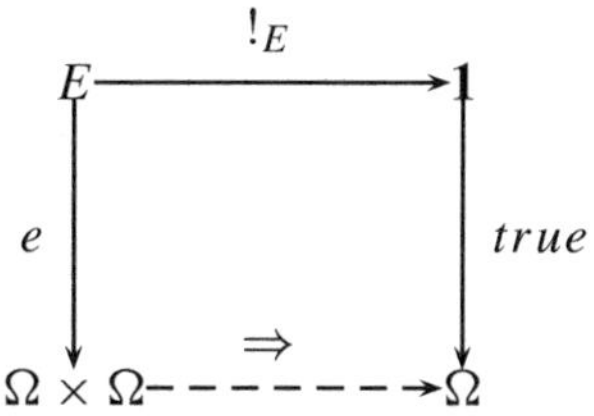

vom Egalisator $e \colon E \to \Omega \times \Omega$ von $\wedge \colon \Omega \times \Omega \to \Omega$ und $\pi_1 \colon \Omega \times \Omega \to \Omega$ und $\neg \colon \Omega \to \Omega$ als charakteristischen Morphismus von:

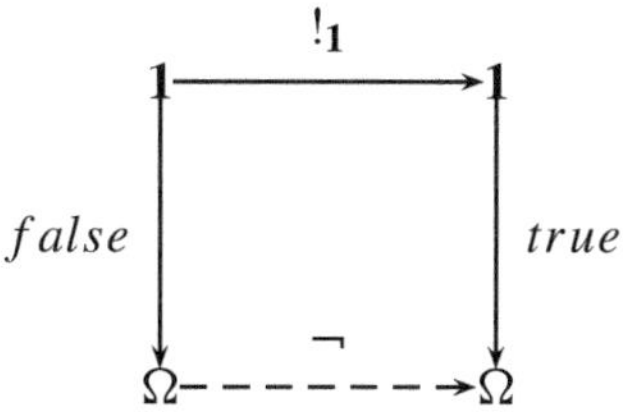

Natürlich sind auch die Morphismen $true \colon \mathbf{1} \to \Omega$ und $false \colon \mathbf{1} \to \Omega$ (einstellige) logische Operationen.

Definition 7.10 (Boolesche Topoi) Ein Topos $\underline{E}$ heißt *boolesch,* wenn $\Omega \xrightarrow{\neg} \Omega \xrightarrow{\neg} \Omega = \Omega \xrightarrow{id_\Omega} \Omega$ gilt.

Es lässt sich zeigen, dass die in Definition 7.9 definierten logischen Operatoren die Struktur einer Heyting-Algebra auf Ω liefern und dass die Bedingung aus der Definition 7.10 zur Folge hat, dass Ω die Struktur einer booleschen Algebra hat.

Beispiele 7.2 (für einen booleschen Topos) Die Kategorie $\underline{\boldsymbol{M}}$ der Mengen ist ein boolescher Topos, weil $\neg(\mathbf{0}) = \mathbf{1}$ und $\neg(\mathbf{1}) = \mathbf{0}$ für $\neg\colon \mathbf{2} \to \mathbf{2}$ und damit $\neg \circ \neg = id_\mathbf{2}$ gelten.

7.3 Topologien und Garben

Definition 7.11 Seien $\underline{E}$ ein Topos und Ω sein Unterobjektklassifikator. Dann ist der Morphismus $\wedge\colon \Omega \times \Omega \to \mathbf{1}GO$ als charakteristischer Morphismus

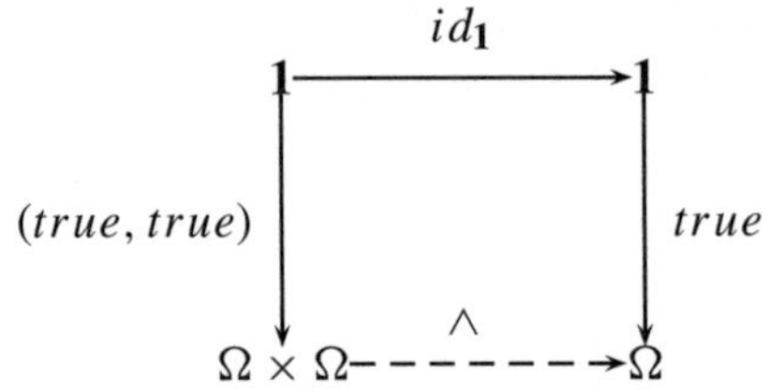

von $(true, true)\colon \mathbf{1} \to \Omega \times \Omega$ definiert.

Definition 7.12 (Topologien auf Topoi) Sei $\underline{E}$ ein Topos. Eine *Topologie* auf $\underline{E}$ ist ein Morphismus $j\colon \Omega \to \Omega$ mit folgenden Eigenschaften:

- $j \circ j = j$,
- $j \circ true = true$ und
- $j \circ \wedge = \wedge \circ (j \times j)$.

Definition 7.13 Seien $\underline{E}$ ein Topos und j eine Topologie auf $\underline{E}$. Dann definieren wir

- J als das Unterobjekt von Ω

$$
\begin{array}{ccc}
J & \xrightarrow{!_1} & \mathbf{1} \\
\big\downarrow & & \big\downarrow{\scriptstyle true} \\
\Omega & \xrightarrow{j} & \Omega
\end{array}
$$

mit dem charakteristischen Morphismus j und

- Ω_j als Egalisator von j und id_Ω.

Definition 7.14 (Abschlussoperatoren) Eine monoton wachsende idempotente Abbildung auf der partiell geordneten Menge der Unterobjekte einer Menge bezeichnen wir als *Abschlussoperator* .

Definition 7.15 Sei $\underline{\mathbf{E}}$ ein Topos. Ein *universeller Abschlussoperator* auf $\underline{\mathbf{E}}$ ist dadurch definiert, dass für jedes Objekt A in $\underline{\mathbf{E}}$ ein Abschlussoperator auf der geordneten Menge der Unterobjekte von A definiert ist, für den $f^*(\overline{U}) \cong \overline{f^{-1}[U]}$ für alle Teilmengen U von A gilt. Wir nennen eine Teilmenge $U \subset A$

- *dicht,* wenn $\overline{U} = A$ gilt, und
- *abgeschlossen,* wenn $\overline{U} = U$ gilt.

Lemma 7.5 (Charakterisierung von dichten und abgeschlossenen Morphismen)
Seien $\underline{\mathbf{E}}$ ein Topos, j eine Topologie auf $\underline{\mathbf{E}}$ und U und A mit einem Monomorphismus $m: U \to A$ mit charakteristischem Morphismus $\chi: A \to \Omega$. Dann ist m

- *genau dann j-dicht, wenn χ durch $J \to \Omega$ faktorisiert und*
- *genau dann j-abgeschlossen, wenn χ über $\Omega_j \to \Omega$ faktorisiert.*

Beweis Die Behauptung folgt unmittelbar aus den Definitionen von J und Ω_j in Definition 7.13.

Lemma 7.6 *Seien U, A, V und B Objekte in einem Topos, $f: A \to B$ ein Morphismus, $m: U \to A$ ein dichter und $n: V \to B$ ein abgeschlossener Monomorphismus*

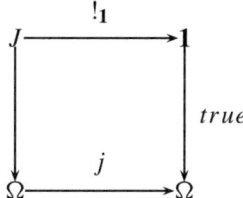

so, dass

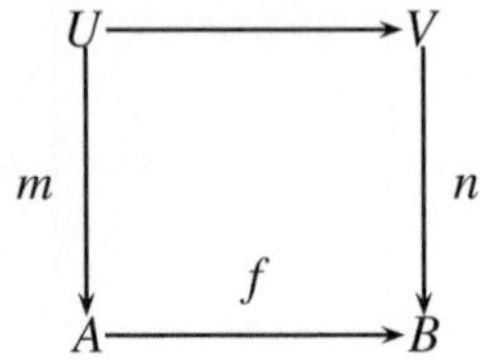

ein kommutatives Diagramm ist. Dann faktorisiert f (eindeutig, weil n monomorph ist) über n.

Beweis Aus der Kommutativität des Diagramms folgt $U \subset f^{-1}[V] \subset A$. Deshalb gilt $id_A \cong \overline{U} \subset \overline{f^{-1}[V]} \cong f^{-1}[V]$, was äquivalent dazu ist, dass f über n faktorisiert.

Definition 7.16 (Separiertheit) Seien $\underline{\mathbf{E}}$ ein Topos, j eine Topologie auf $\underline{\mathbf{E}}$ und A und B Objekte in $\underline{\mathbf{E}}$. A heißt *j-separiert,* wenn für jeden j-dichten Morphismus $m\colon U \to B$ und jedes Paar $f\colon B \to A$ und $g\colon B \to A$ mit $f \circ m = g \circ m$ folgt, dass $f = g$ gilt.

Definition 7.17 (Garben) Seien $\underline{\mathbf{E}}$ ein Topos, j eine Topologie auf $\underline{\mathbf{E}}$ und F, U und A Objekte in $\underline{\mathbf{E}}$. Dann heißt F eine *j-Garbe*, wenn für jeden j-dichten Morphismus $m\colon U \to A$ und jeden Morphismus $f\colon U \to F$ ein eindeutig bestimmter Morphismus $g\colon A \to F$

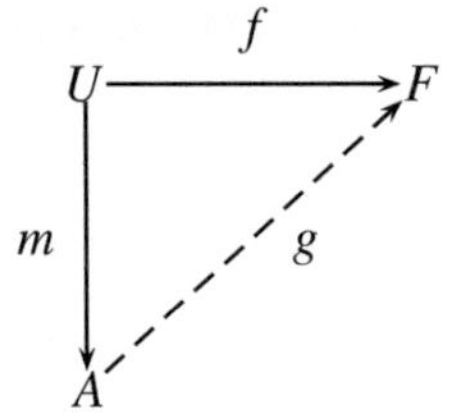

mit $g \circ m = f$ existiert.

Definition 7.18 (Kategorie der Garben) Die volle Unterkategorie eines Topos $\underline{\mathbf{E}}$, deren Objekte die j-Garben sind, bezeichnen wir mit $sh_j(\underline{\mathbf{E}})$.

Lemma 7.7 (Endliche Vollständigkeit der Kategorie der Garben) *$sh_j(\underline{\mathbf{E}})$ ist endlich vollständig und der Inklusionsfunktor $sh_j(\underline{\mathbf{E}}) \to \underline{\mathbf{E}}$ ist stetig.*

Beweis Die Bedingungen der Definitionen 7.16 und 7.17 involvieren nur Morphismen mit Ziel F. Deshalb ist der Limes in $\underline{\mathbf{E}}$ eines endlichen Diagramms von Garben selber eine Garbe. Daher ist er auch der Limes in $sh_j(\underline{\mathbf{E}})$.

Satz 7.15 (Potenzen von Garben) *Seien $\underline{\mathbf{E}}$ ein Topos, F eine Garbe in $\underline{\mathbf{E}}$ und A ein Objekt in $\underline{\mathbf{E}}$. Dann ist F^A eine Garbe.*

Beweis Seien B ein Objekt in $\underline{\mathbf{E}}$, $m: U \to B$ ein dichter Monomorphismus und $f: U \to F^A$ ein Morphismus. Dann ist $m \times id_A: U \times A \to B \times A$ dicht, weil es das Pullback von m längs $\pi_1: B \times A \to B$ ist, und deshalb setzt sich $\bar{f}: U \times A \to F$ eindeutig auf $\bar{g}: B \times A \to F$ fort. Dann ist $g: Y \to F^A$ die eindeutige Fortsetzung von f.

Korollar 7.1 (Kartesische Abgeschlossenheit der Kategorie der Garben) $sh_j(\underline{\mathbf{E}})$ *ist kartesisch abgeschlossen und der Inklusionsfunktor $sh_j(\underline{\mathbf{E}}) \to \underline{\mathbf{E}}$ bewahrt Potenzen.*

Beweis Folgt unmittelbar aus dem Lemma 7.7, dem Satz 7.15 und der Tatsache, dass der Inklusionsfunktor voll ist.

Lemma 7.8

a) *Ein Unterobjekt separierter Objekte ist separiert.*
b) *Ein abgeschlossenes Unterobjekt einer Garbe ist eine Garbe.*
c) *Wenn F eine Garbe und G separiert sind, dann ist jeder Monomorphismus $m: F \to G$ abgeschlossen.*

Beweis
a) Seien U, A, G und F Objekte in $\underline{\mathbf{E}}$, $m: U \to A$ ein dichter Morphismus, $f: A \to G$ und $f: A \to G$ ein Paar von Morphismen mit $f \circ m = g \circ m$ und $n: G \to F$. Dann gilt $n \circ f \circ m = n \circ g \circ m$, folglich $n \circ f = n \circ g$. Da m ein Monomorphismus ist, folgt $f = g$.

b) Seien U, A und V Objekte in $\underline{\mathbf{E}}$, F eine Garbe in $\underline{\mathbf{E}}$, $m: U \to A$ ein dichter Morphismus und $n: G \to F$ ein abgeschlossener Monomorphismus. Dann gibt es einen eindeutig bestimmten Morphismus gUA mit $g \circ m = n \circ f$. Nach Lemma 7.6 faktorisiert g eindeutig über n. Deshalb ist G eine Garbe.

c) Wir betrachten den Abschluss $\overline{n}: \overline{F} \to G$ von F in G. Weil die Inklusion $i: F \to \overline{F}$ dicht ist, existiert ein eindeutig bestimmter Morphismus $f: \overline{F} \to F$ mit $r \circ i = id_F$. Es gilt $i \circ r \circ i = i$, aber $\overline{F}$ ist wegen a) separiert. Daher gilt $i \circ r = id_{\overline{F}}$. Folglich ist r ein zweiseitiges Inverses von i, d. h., F ist abgeschlossen in G.

Lemma 7.9 O_j *ist eine Garbe.*

Beweis Nach dem Lemma 7.5 entsprechen Morphismen $X \to \Omega_j$ geschlossenen Unterobjekten von X, also genügt es zu zeigen, dass, wenn $X' \to X$ dicht ist und $Y' \to X'$ abgeschlossen ist, es ein eindeutig bestimmtes Unterobjekt $Y \to X$ mit $Y \cap X' \cong Y'$ gibt. Aber wenn wir Y als den Abschluss der Komposition $Y' \to X' \to$

X definieren, ist klar, dass $Y \cap X' \cong Y'$ gilt; und umgekehrt, wenn $Z \to X$ irgendein abgeschlossenes Unterobjekt mit $Z \cap X' \cong Y'$ ist, dann ist $Y' \to Z$ dicht (als Pullback von $X' \to X$), und deshalb ist Z der Abschluss von Y' in X.

Korollar 7.2 (Existenz eines Unterobjektklassifikators in der Kategorie der Garben) *$sh_j(\underline{E})$ hat einen Unterobjektklassifikator, und zwar Ω_j.*

Beweis Nach dem Lemma 7.7 stimmen Monomorphismen in $sh_j(\underline{E})$ mit denen in $\underline{E}$ überein. Deshalb sind nach Lemma 7.8 b) und c) die Untergarben einer Garbe genau ihre abgeschlossenen Unterobjekte; und nach dem Lemma 7.5 sind die durch einen Morphismus nach Ω_j klassifiziert.

Theorem 7.1 (Toposeigenschaft der Kategorie der Garben) *$sh_j(\underline{E})$ ist ein Topos.*

Beweis Folgerung aus Lemma 7.7, Korollar 7.1 und Korollar 7.2.

Für den sehr umfangreichen Beweis des folgenden Theorems verweisen wir auf [3] oder [4]:

Theorem 7.2 *Für jeden Topos $\underline{E}$ und jede Topologie j auf $\underline{E}$ hat der Inklusionsfunktor $I : sh_j(\underline{E}) \to \underline{E}$ einen endlich stetigen Linksadjungierten $iii : \underline{E} \to sh_j(\underline{E})$, den sogenannten* Sheafification-Funktor.

7.4 Funktoren zwischen Topoi

Definition 7.19 (Geometrischer Morphismus) Seien $\underline{E}$ und $\underline{E}'$ Topoi. Ein *geometrischer Morphismus $F_* : \underline{E} \to \underline{E}'$* ist ein Funktor $F_* : \underline{E} \to \underline{E}'$ mit einem endlich stetigen linksadjungierten Funktor $F^* : \underline{E}' \to \underline{E}$.

Beispiele 7.3 (für einen geometrischen Morphismus) $\Pi_f : \underline{E}/A \to \underline{E}/B$ ist ein geometrischer Morphismus, weil er nach dem Satz 7.13 den stetigen linksadjungierten Funktor $f^* : \underline{E}/B \to \underline{E}/A$ hat.

Literatur

1. Bunge, M. C.: Topos Theory and Souslin's Hypothesis. Journal of Pure and Applied Algebra (1974), 159–187
2. Goldblatt, R.: The Categorical Analysis of Logic. Dover publications (2006) ISBN 978-0-4864-5026-1
3. Johnstone, P. T.: Topos Theory. Academic Press, London (1977) ISN 0-12-387850-0

4. Mac Lane, S., Moerdijk, I.: Sheaves in Geometry and Logic. A First Introduction to Topos Theory. Springer-Verlag, New York (1992) ISBN 0-387-97710-4
5. Osius, G.: Logical and Set Theoretical Tools in Elementary Topoi. In: SLN 445 Model Theory and Topoi, S. 297–346 Springer-Verlag New York, Heidelberg, Berlin (1970) ISBN 0-387-07164-4
6. Tierney, M. et al.: Sheaf Theory and the Continuum Hypothesis. In: Toposes, Algebraic Geometry and Logic (1972), 13–42
7. Wraith, G. C: Lectures on Elementary Topoi. In: SLN 445 Model Theory and Topoi, S. 114–206 Springer-Verlag New York, Heidelberg, Berlin (1970) ISBN 0-387-07164-4

Stichwortverzeichnis

C. Maurer, *Grundzüge der Kategorientheorie*,
https://doi.org/10.1007/978-3-662-70987-0

MIX
Papier aus verantwortungsvollen Quellen
Paper from responsible sources
FSC® C105338

FSC
www.fsc.org

If you have any concerns about our products,
you can contact us on
ProductSafety@springernature.com

In case Publisher is established outside the EU,
the EU authorized representative is:
Springer Nature Customer Service Center GmbH
Europaplatz 3, 69115 Heidelberg, Germany

Printed by Libri Plureos GmbH
in Hamburg, Germany